厦门大学南强丛书（第七辑）编委会

主 任 委 员： 张　荣
副主任委员： 杨　斌　江云宝
委员：（以姓氏笔画为序）

田中群　江云宝　孙世刚　杨　斌　宋文艳　宋方青
张　荣　陈支平　陈振明　林圣彩　郑文礼　洪永淼
徐进功　翁君奕　高和荣　谭　忠　戴民汉

厦门大学南强丛书【第七辑】

身份、关系与知识建构：从社会认知到话语分析

辛志英◎著

厦门大学出版社　国家一级出版社
XIAMEN UNIVERSITY PRESS　全国百佳图书出版单位

图书在版编目(CIP)数据

身份、关系与知识建构：从社会认知到话语分析/辛志英著.—厦门：厦门大学出版社,2021.8
(厦门大学南强丛书.第7辑)
ISBN 978-7-5615-8283-1

Ⅰ.①身… Ⅱ.①辛… Ⅲ.①认知心理学—研究 Ⅳ.①B842.1

中国版本图书馆 CIP 数据核字(2021)第 126174 号

出 版 人	郑文礼
责任编辑	王扬帆
封面设计	李夏凌
技术编辑	许克华

出版发行	厦门大学出版社
社　　址	厦门市软件园二期望海路 39 号
邮政编码	361008
总　　机	0592-2181111　0592-2181406(传真)
营销中心	0592-2184458　0592-2181365
网　　址	http://www.xmupress.com
邮　　箱	xmup@xmupress.com
印　　刷	厦门集大印刷有限公司

开本	720 mm×1 020 mm　1/16
印张	12
插页	4
字数	210 千字
版次	2021 年 8 月第 1 版
印次	2021 年 8 月第 1 次印刷
定价	68.00 元

本书如有印装质量问题请直接寄承印厂调换

定价:68.00元

厦门大学出版社
微信二维码

厦门大学出版社
微博二维码

总　序

在人类发展史上,大学作为相对稳定的社会组织存在了数百年并延续至今,一个很重要的原因在于大学不断孕育新思想、新文化,产出新科技、新成果,推动人类文明和社会进步。毋庸置疑,为人类保存知识、传承知识、创造知识是中外大学的重要使命之一。

1921年,爱国华侨领袖陈嘉庚先生于民族危难之际,怀抱"教育为立国之本"的信念,倾资创办厦门大学。回顾百年发展历程,厦门大学始终坚持"博集东西各国之学术及其精神,以研究一切现象之底蕴与功用",产出了一大批在海内外具有重大影响的精品力作。早在20世纪20年代,生物系美籍教授莱德对厦门文昌鱼的研究,揭示了无脊椎动物向脊椎动物进化的奥秘,相关成果于1923年发表在美国《科学》(Science)杂志上,在国际学术界引起轰动。20世纪30年代,郭大力校友与王亚南教授合译的《资本论》中文全译本首次在中国出版,有力地促进了马克思主义在中国的传播。1945年,萨本栋教授整理了在厦门大学教学的讲义,用英文撰写 Fundamentals of Alternating-Current Machines (《交流电机》)一书,引起世界工程学界强烈反响,开了中国科学家编写的自然科学著作被外国高校用为专门教材的先例。20世纪70年代,陈景润校友发表了"1+2"的详细证明,被国际学术界公认为对哥德巴赫猜想研究做出了重大贡献。1987年,潘懋元教授编写的我国第一部高等教育学教材《高等教育学》,获国家教委高等学校优秀教材一等奖。2006年胡锦涛总书记访问美国时,将陈支平教授主编的《台湾文献汇刊》作为礼品之一赠送给耶鲁大学。近年来,厦门大学在能源材料化学、生物医学、分子疫苗学、海洋科学、环境生态学等理工医领域,在经济学、管理学、统计学、法学、历史学、中国语言文学、教育学、国际关系及区域问题研究等人文社科领域不断探索,取得了丰硕的成果,出版和发表了一大批有重要影响力的专著和论文。

书籍是人类进步的阶梯,是创新知识和传承文化的重要载体。为了更好地展示和传播研究成果,在1991年厦门大学建校70周年之际,厦门大学出版了首辑"南强丛书",从申报的50多部书稿中遴选出15部优秀学术专著出版。选题涉及自然科学和社会科学,其中既有久负盛名的老一辈学者专家呕心沥血的力作,也有后起之秀富有开拓性的佳作,还有已故著名教授的遗作。首辑"南强丛书"在一定程度上体现了厦门大学的科研特色和学术水平,出版之后广受赞誉。此后,逢五、逢十校庆,"南强丛书"又相继出版了五辑。其中万惠霖院士领衔主编、多位院士参与编写的《固体表面物理化学若干研究前沿》一书,入选"三个一百"原创图书出版工程;赵玉芬院士所著的《前生源化学条件下磷对生命物质的催化与调控》一书,获2018年度输出版优秀图书奖;曹春平副教授所著的《闽南传统建筑》一书,获第七届中华优秀出版物奖图书奖。此外,还有多部学术著作获得国家出版基金资助。"南强丛书"已成为厦门大学的重要学术阵地和学术品牌。

2021年,厦门大学将迎来建校100周年,也是首辑"南强丛书"出版30周年。为此,厦门大学再次遴选一批优秀学术著作作为第七辑"南强丛书"出版。本次入选的学术著作,多为厦门大学优势学科、特色学科经过长期学术积淀的前沿研究成果。丛书作者中既有中科院院士和文科资深教授,也有全国重点学科的学术带头人,还有在学界崭露头角的青年新秀,他们在各自学术领域皆有不俗建树,且备受瞩目。我们相信,这批学术著作的出版,将为厦门大学百年华诞献上一份沉甸甸的厚礼,为学术繁荣添上浓墨重彩的一笔。

"自强!自强!学海何洋洋!"赓两个世纪跨越,逐两个百年梦想,面对世界百年未有之大变局,面对全人类共同面临的问题,面对科学研究的前沿领域,面对国家战略需求和区域经济社会发展需要,厦门大学将乘着新时代的浩荡东风,秉承"养成专门人才、研究高深学术、阐扬世界文化、促进人类进步"的办学宗旨,劈波斩浪,扬帆远航,努力产出更好更多的学术成果,为国家富强、民族复兴和人类文明进步做出新的更大贡献。我们也期待更多学者的高质量高水平研究成果通过"南强丛书"面世,为学校"双一流"建设做出更大的贡献。

是为序。

厦门大学校长 张荣

2020年10月

作者简介

辛志英，教授，博士生导师，厦门大学外文学院副院长。入选"福建省高等学校新世纪人才支持计划"、厦门市重点人才。迄今已发表专业文章60余篇。专著《人际投射小句与主体间性的语篇建构》获第三届中国大学出版社优秀著作奖二等奖。担任中国英汉语比较研究会英语教学研究分会常务理事。研究方向包括功能语言学、生态语言学和话语分析。在研课题有"生态进化视角下的英语及物性系统研究""经验语法的进化机制研究"等。

前　言

这本书的策划和筹备工作长达六年之久,其间历经框架的反复修改和内容的多次调整。在厦门大学百年华诞之际此书终于得以出版,当是学生给母校最诚挚的献礼。祝福百年母校秉承嘉庚精神,奋进一流新征程!

这本书可以说是《话语分析:理论、方法与流派》(厦门大学出版社,2020年出版)的姊妹篇。相比于前一本着眼于话语分析内部各流派的理论建构、研究范式和方法,这本书把更多的关注放在身份、关系和知识的话语建构上。因此,将这两本书结合起来阅读效果更佳,更能使人体会到话语分析学科的独特魅力,感知话语分析的发展趋势和学科走向。相比于前一本书聚焦话语分析学科内部各流派体系之间的比较,本书更多地探索话语分析在外延拓展方面的可行性和适切性,同时我们也试图呈现话语分析学科和相关学科在理念、视角、方法等维度上的差异性和互补性。

具体而言,《身份、关系与知识建构:从社会认知到话语分析》这本书的整体布局和内容架构上有以下几个方面的特点:(1)关注社会生活的方方面面,如政治活动、医患互动、课堂师生互动、祈福活动、咨询活动、热线求助、职场话语等,特别是社会认知长期关注的领域。通过翔实的语料分析,读者可以发现,话语分析提供的视角、理论和方法能够对社会活动做系统的多维度的分析,从而给语言观察者、使用者和分析者提供参照。(2)展示话语分析是如何发现、描写、分析和解决人们日常关注的社会问题的。话语分析研究已有半个多世纪的历史,其研究理念已逐渐延展到各个学科领域。实际上,话语分析对人们日常社会活动的关注和描写已经愈发凸显出这门学科的生命力。从这一点上我们可以看到,话语分析作为一门学科,它的发展具有非常广阔的前景。(3)探索话语分析的跨学科发展和交叉学科融合、研究方法融合,为相关问题的研究提供基于话语分析范式的理论和研究视角,开拓新的学术增长点和学科交叉融合路径。

这本书的适用人群包括但不限于话语分析领域的研究者和学习者以及社

会学、政治学、心理学、国际关系学、跨文化交际等相关领域的研究者和学习者。这本书的适用领域较为广泛，可以作为高校研究生和高年级本科生话语分析相关课程的补充材料和课后阅读文献，也可以为社会学、政治学、心理学、国际关系学等学科提供话语分析的理论视角、研究范式和案例分析。

这本书得以出版，我要感谢很多人的鼓励、支持和帮助。首先，我要感谢厦门大学出版社的精心策划和学术眼光。他们专业的团队、认真负责的精神，让我收获良多，使我更注重框架的精心设计，细节的反复打磨，文献的充实丰富。我们已经合作过几本书了，每次的合作都非常愉快！我至今还清晰记得我的博士论文修改后以专著的形式出版时的情形。其次，我要感谢厦门大学良好的科学研究氛围。对于一个学者来说，平静、友好又积极向上的工作氛围是非常难得的。

我还要衷心感谢我所在的厦门大学话语分析研究团队。这支队伍的团队架构较好，在话语分析研究领域已经耕耘多年，并形成了较好的学术梯队。团队成员对话语分析的研究已经颇有见地，对话语分析的前沿问题和发展趋势有着清楚的洞见。这本书的出版也是这个团队多年来守正创新的成果之一。团队中有多位学者具体参与了这本书的策划、资料收集、撰写和修改校对等工作。我们花费了很多时间来讨论细节，筛选语料，调整章节框架，一遍遍地核对文献信息，等等。我在这里要着重感谢以下学者：董天舒、王佳唯、陈晓冉、赵小亮、吴娜、李鑫颖、张惠钰、胡真和庾洋。正是他们的合作精神，严谨的治学态度和良好的学术素养，使得团队的学术思想能够及时呈现给学界，以飨读者。

今年恰逢厦门大学百年华诞，这本书得以入选厦门大学百年校庆南强系列丛书，对于厦门大学话语分析团队的建设和发展具有非常重要的意义！我愿和团队的成员们勤耕不辍，抛砖引玉，与国内国际从事话语分析的同仁一起，将这个领域发展壮大！

辛志英
厦门大学思明校区德贞楼
2021年4月6日

目 录

第一章 政治活动中的身份、关系和知识建构 ······· 1
    1.1 引言 ······· 1
    1.2 社会认知视角下的政治活动研究 ······· 2
    1.3 政治活动的话语分析范式 ······· 4
    1.4 政治活动中参与者身份的建构 ······· 6
    1.5 政治语篇中参与者关系的话语建构 ······· 8
    1.6 政治话语分析的分析范式及其特点 ······· 9
    1.7 外交部发言人答记者问的话语分析 ······· 12
    1.8 话语建构的政治活动 ······· 16

第二章 就医场所中的身份、关系和知识建构 ······· 19
    2.1 引言 ······· 19
    2.2 社会认知视角下的就医场所中的身份、关系和知识研究 ······· 20
    2.3 医生身份的话语建构 ······· 23
    2.4 医学知识的话语建构 ······· 25
    2.5 医患关系的话语建构 ······· 26
    2.6 《生死金银潭》中的身份和关系建构 ······· 28
    2.7 话语建构的医生身份、医患关系和医学知识 ······· 30

第三章 课堂教学中的教师身份建构
    ——教师亲和力研究 ······· 32
    3.1 引言 ······· 32
    3.2 课堂话语中的教师身份研究 ······· 33

- 3.3 课堂活动中的教师亲和力研究 …………………………………… 34
- 3.4 教师亲和力身份的话语分析框架建设 ……………………………… 36
- 3.5 课堂活动中教师亲和力话语建构的实例分析 …………………… 40
- 3.6 教师亲和力身份的话语建构 …………………………………… 42
- 3.7 亲和力研究展望 …………………………………………………… 44

第四章 工作场合中性别身份、性别关系和知识的建构 …………… 45
- 4.1 引言 ………………………………………………………………… 45
- 4.2 社会认知视角下工作场合中性别的研究 ………………………… 45
- 4.3 工作场合话语中领导者性别身份建构 …………………………… 46
- 4.4 工作场合中的知识建构 …………………………………………… 52
- 4.5 工作场合话语中参与者关系建构 ………………………………… 55
- 4.6 电视求职招聘中的性别身份与关系建构 ………………………… 59
- 4.7 讨论与结语 ………………………………………………………… 68

第五章 协商行为中的身份、关系和知识建构 ………………………… 70
- 5.1 引言 ………………………………………………………………… 70
- 5.2 社会认知相关研究中的协商行为研究 …………………………… 71
- 5.3 协商行为中身份的话语建构 ……………………………………… 73
- 5.4 协商行为中参与者互动关系的话语建构 ………………………… 75
- 5.5 协商行为中知识的话语建构 ……………………………………… 76
- 5.6 经济贸易协商话语的案例分析 …………………………………… 77
- 5.7 结语 ………………………………………………………………… 83

第六章 求助行为中的身份、关系与知识建构
——以仪式求助为例 …………………………………………… 84
- 6.1 引言 ………………………………………………………………… 84
- 6.2 社会认知领域对求助行为的研究 ………………………………… 85
- 6.3 话语分析视域下的仪式求助行为研究 …………………………… 86
- 6.4 仪式求助行为中身份的话语建构 ………………………………… 87
- 6.5 仪式求助行为中参与者关系的话语建构 ………………………… 90
- 6.6 仪式求助行为中知识的话语建构 ………………………………… 92
- 6.7 中国祭祀仪式中求助行为的话语建构演变 ……………………… 95

6.8 结语 ········· 100

第七章 批评行为中身份、关系和知识的话语建构 ········· 101
7.1 引言 ········· 101
7.2 社会认知视角下的批评行为研究 ········· 101
7.3 批评行为中身份的话语建构 ········· 103
7.4 批评行为中知识的话语建构 ········· 105
7.5 批评行为中关系的话语建构 ········· 107
7.6 游戏话语中的批评行为 ········· 108
7.7 话语建构的批评行为 ········· 112

第八章 咨询行为中的身份、关系和知识建构 ········· 113
8.1 引言 ········· 113
8.2 社会认知视角下的咨询行为研究 ········· 114
8.3 咨询行为中身份的话语建构 ········· 116
8.4 咨询行为中参与者关系的话语建构 ········· 117
8.5 咨询行为中知识的话语建构 ········· 118
8.6 医药咨询案例的描写与分析 ········· 119
8.7 医药咨询中的身份、关系和知识的建构 ········· 125
8.8 结语 ········· 130

第九章 冲突行为中的身份、关系和知识建构 ········· 132
9.1 引言 ········· 132
9.2 社会学、教育学等学科对冲突话语的研究 ········· 133
9.3 同性恋身份建构,从男权到男同 ········· 134
9.4 冲突行为中互动关系的话语分析策略 ········· 136
9.5 同性恋冲突话语中的身份、知识和关系建构——以微博对同性恋婚姻合法化的讨论为例 ········· 138
9.6 话语建构的冲突行为 ········· 141

参考文献 ········· 142

第一章 政治活动中的身份、关系和知识建构

1.1 引言

语言与政治之间的关系非常紧密,这从语言的政治性上可见一斑。语言的政治性主要体现在两个方面(孙吉胜 2013):(1)政治与语言相辅相成,一方面,没有语言,政治活动就无法实施,另一方面,很可能由于语言的应用才产生了政治(田海龙 2002);(2)政治活动通过语言形式表述出来,语言为政治服务,话语被用来建构思想与意识形态,以及社会现实。政治语言的话语建构属性有助于政治活动参与实体形成自身的话语体系,在国内与国际政治层面实现一定的政治目的。

语言在政治活动中起着举足轻重的作用。"语言的政治化"(郭台辉 2019)将话语分析作为解读政治语篇的工具,主张以语言为中心建构政治知识。语言是最重要的政治现象之一,只是其过于普遍,因此在过往的政治活动研究中可能在一定程度上受到忽视。同时,政治语篇的相关研究呈现很强的开放性,在分析时经常借鉴其他学科的研究视角,因此政治语篇分析的跨学科属性非常明显(Okulska & Cap 2010)。强调话语分析在政治语篇分析中的作用,也就是为这一领域的研究者提供基于语言(语篇)的跨学科分析视角;相较于其他学科,话语研究关照下的政治活动的话语分析优势明显,其学术价值之一在于话语分析指导下的政治语篇分析具有很强的操作性,能驱动研究者基于语言层面对政治语篇进行扎实的实证分析,这有助于提升分析结果的客观程度,增强结果的解释力。

政治语篇作为一种社会(政治)活动的体现形式,其意义生成是一个多重建构、逐级深入的动态过程(彭文钊 2017)。我们以政治语篇中话语建构现象为研究对象,尝试探讨对政治语篇进行描写性与解释性研究的理论框架和分

析工具，尝试将话语分析引入政治语篇分析，对政治语篇的话语建构加以分析，其实质正是通过对"外显的"政治话语中的意识形态特征加以分析，揭示其中"隐含的"参与者身份构建与参与者关系，以及权力与知识的共生关系（彭文钊 2017）。

我们回顾了社会认知学科视角关照下的政治活动分析，总结这些研究的主要发现，再与我们所采取的话语分析视角进行对比，并强调后者的优势。我们将首先讨论政治语篇是如何建构（参与者）身份与（参与者）关系的，需要注意的是，话语分析是话语研究工具的总称，它还可继续细分为不同的分析视角，这也就意味着本研究对主流的政治话语分析视角有所阐述；通过收集近期外交部发言人答记者问时的语料，并对其进行定性分析，揭示其中存在的话语建构现象；之后，我们以这一分析的结果为基础，讨论话语分析对于身份建构以及参与者关系建构的意义；最后总结本研究中的发现，即话语分析是揭示政治语篇中话语建构现象的有力手段，并对未来政治语篇的话语建构研究进行展望。

1.2　社会认知视角下的政治活动研究

社会认知视角下的政治活动研究由来已久。有的学者尝试直接从心理学角度建构问题，也有的学者忽略身份建构的心理属性，尝试直接从社会学角度开展研究（Triandafyllidou & Wodak 2003），这两种研究思路均存在问题，在社会心理学出现之后问题得到了改善（Chryssochoou 2003），研究者把社会心理学与身份建构研究整合起来（Potter & Wetherell 1987；Fishman 1999）。究其本身而言，社会心理学强调个人身份的社会属性，这一身份将其与社会活动的其他个体区分开来。一些学者还尝试以政治心理学为视角，对政治话语的参与者身份与关系的建构展开讨论，一方面将心理学的理论运用于政治研究中，另一方面研究政治活动在参与者身份建构中的机制作用（赵洋 2019）。政治心理学若运用于国际关系层面，则能更好地帮助理解国际政治活动中的参与者关系，例如可以运用政治心理学分析国家间的冲突与冲突的解决，但这类研究目前数量较少（赵洋 2019）。

同时我们需要注意到，有的学者指出（社会/政治）心理学（尤其是运用于话语研究时）存在一些缺陷。一方面，这些研究的认知与社会属性不足。这些研究通常在实验室场景开展,在分析社会心理机制时常常将其与社会和政治语境剥离开来(Triandafyllidou & Wodak 2003),因此忽视了语境这一不可或缺的要素,为弥补这一缺陷,批评话语分析中出现了社会认知流派。另一方面,个人层面的(社会/政治)心理分析与接下来要介绍的部分国家层面的研究一样,未将话语分析摆在突出的位置。一般而言,在进行社会心理分析时若采取访谈的形式展开社会调查,更注重对收集到的结果进行表面分析,则分析深度不及话语分析研究;相比之下,话语分析可以很好地整合定性与定量研究工具(Triandafyllidou & Wodak 2003),故具有相当的研究优势。

考虑到国家是构成国家的个体的集合,集体的认同能塑造国家身份(赵洋 2019),因此可以认为国家身份是一种典型的集体身份(与个人身份相对),以国家层面的身份建构与国家关系为研究对象有助于对政治活动中集体身份的建构以及参与者关系问题形成一定的了解。国际政治学(或称国际关系学)中的政治话语研究就涉及对这些问题的讨论,因此有一些学者以国际政治学相关理论为基础展开研究,即以"身份政治"为研究视角(王庆忠 2014)。在中国,这些研究主要讨论中国的国际形象建构——一些研究涉及近20年来中国的国家身份建构问题,经常涉及的是冷战后中国负责任大国身份的建构,这一身份建构回击了国际舞台上对中国的负面形象建构("中国威胁论"),中国正面的形象建构得到了一定的认可,但同时也应该注意到一些国家在"负责任大国"这一身份的具体内涵方面与中国的认知存在差异(李宝俊、徐正源 2006);有的研究分析了负责任大国身份建构的国际体系基础与国内结构基础(李慧明 2008;王存刚、王瑞领 2008;李美琴 2011);还有的研究从国家间交往行动的角度出发,讨论中国与其他国家通过交往行动塑造身份的过程(赵洋 2017)。

另外一些研究突出国际政治中的其他参与者(这里指国家)对国家身份建构的影响,这类研究一般将涉及的国家范围限定在世界上的特定区域,对于中国的国际关系研究而言,所涉及的国际范围一般为东亚地区,例如讨论中国国家身份建构,并在东亚范围内讨论影响中国身份定位的因素(王庆忠 2014)。有的研究基于 Alexander Wendt 的身份建构主义理论,分析了东亚国家之间的关系对中国国家身份建构与国际认同造成的影响(尹俊杰 2013);有的研究讨论了中国周边的一些国家的身份建构(蒙媛 2020)以及这些国家的身份建构与中国国家身份建构之间的相互作用,例如日本通过树立中国作为"安全威胁"的形象,来建构自己的海洋国家身份(苗吉 2017)。

总的看来,这些研究虽然取得了一定成果,但其主要是通过列举历史事实与时事现状的方式呈现分析依据,研究同质化趋势明显。最重要的是,这一研究方式忽视了语言的政治性,没有对政治活动中普遍出现的政治语篇的作用予以重视。虽然有的中国国家身份建构研究开始以政治语篇为对象展开分析,例如陈雅莉(2019)通过研究东盟英文媒体涉"一带一路"的新闻报道语篇,分析中国国家身份建构在别国的接受情况,但这类提及仅限于对语篇内容和数量进行简单枚举与总结,并未对具体的政治话语进行详细分析。近几十年来,在国际关系研究中已经出现了明显的"语言学转向",因此中国国家身份研究中的一些缺陷已经得到了一定程度的改善,如 Wang & Ge(2019)、Chan(2012,2014)和 Li(2009)对于中国国家身份建构与中美关系的一系列研究。

1.3 政治活动的话语分析范式

话语分析是人文社会科学领域中"语言学转向"所引入的影响最广的研究方法(郭台辉 2019),话语分析将政治语篇视作动态的研究对象,对政治语言学、国际关系中的语言研究起到了很强的推动作用。与任何一种政治语篇的分析角度相同,话语分析这一研究视角由诸多基本概念与定义所支撑。既然我们要对"政治话语"展开讨论,首先就需要对"政治"进行大致定义。从话语分析的角度,我们将政治界定为国家、政府机构、国际组织、非政府组织与个人作为政治活动的参与者(或称"交际行为体"),基于各自的身份认同,通过政治话语相互建构身份与权力关系的过程与结果(彭文钊 2017)。

在话语分析领域,针对"话语"这一概念的解读非常繁多(van Dijk 2004),就话语的具体定义难以取得广泛共识;这些定义究其本质,均强调语言的使用(language in use),也就是说分析"话语"时需要考虑其所处语境,在这一基础上对语言使用的各个方面开展讨论。从政治现实的角度来看,政治话语是现实政治交际的话语体现,是政治信息的符号载体(杨敏、符小丽 2018)。本研究中的"政治话语"可以广义地界定为政治活动的参与者为达到一定的政治目的所使用的语言(包括口语与书面语),也可以进一步分为直接涉及政治话题的政治话语(例如政府机构、国家管理机构所使用的政治话语等)和间接涉及政治问题的政治话语(例如涉及政治议题的新闻、公众讨论等);政治话语的体裁非常广泛,正式程度高的政治演讲是一种政治话语,正式程度较弱的宣传口号也是一种政治话语。本研究主要讨论典型的、与政治话题直接相关的、正式程度相对较高的政治话语。

政治语篇是政治话语分析的主要对象;与"话语"这一概念类似,有关"语篇"的概念也存在广泛争议。本质上话语与语篇具有内在统一性(彭文钊 2017)。广义的语篇与话语的概念可以互换(在本研究中语篇和话语两个术语可以互换),广义的政治语篇可细分为单模态政治语篇(即传统的语篇,由文字符号组成)与多模态政治语篇(例如政治漫画、政治海报等),一般而言多模态政治语篇也涉及一定的文字符号信息,因此也有一些学者针对这类政治语篇展开分析;狭义的政治语篇可以认为是文字形式的政治话语,由记录下来的文字符号构成(若为口语则通过一定的手段转写),例如政治演讲、政治新闻报道、政府工作报告、国家间的联合声明、政府首脑对话等;由于对多模态政治语篇展开分析需要引入新的分析工具,为了讨论的方便,我们将所分析的政治语篇限定为传统的政治语篇。由于政治语篇都是基于一定的角度创作而成的,所以可以将语篇当作研究政治活动的物质载体;语篇是政治话语的社会认知建构研究的起点,对政治语篇进行分析的根本目的是揭示语篇所表明的"事实"。

在政治话语分析中,"语境"的地位非常重要,因为语境(政治社会环境)赋予了政治语篇以政治意义。在政治语篇中,即使是同一种表述,在不同的语境内也可能产生不同的意义。从知识的角度来看,语境的组成部分可以分为参与者的知识和双方的共享知识。van Dijk(2008)指出,应当从认知、社会、政治、文化、历史等多角度分析语境。话语与语境是辩证关系(杨敏、符小丽 2018):政治社会语境塑造话语,话语影响社会和政治现实。政治语篇是特定语境下的产物,只有在语境中开展分析,才能了解政治话语在特定历史阶段的内涵与所处语境的关联程度,所分析出的语篇(话语)含义才具有现实意义。

意识形态指的是人类社会在其发展过程中所形成的一套为多数人所接受的价值体系,可以用它来解释政治现实(刘和林 2012);它隐蔽地存在于话语(语篇)当中,甚至被相当一部分人当作常识。意识形态是控制社会认知建构的重要框架;塑造已有意识形态,确立新的意识形态离不开对政治语篇的分析(van Dijk 2008),因为意识形态往往通过政治权力机制对话语施加影响(刘和林 2012)。

虽然在相当长的一段时间里,政治语篇分析并不是政治活动研究的重点,但是长期以来,政治活动(或者说绝大多数社会活动)从未离开语言(作为一种社会符号)的使用,话语是政治活动的核心内容(van Dijk 2008)。因此,考虑到这一跨学科视角的优越性,将话语分析引入政治话语研究,具有理论与实践意义。运用话语分析对政治语篇中的话语建构现象展开论述,也就是强调政治活动是语言建构的产物,同时将语言放在政治活动的核心地位。政治话语分析不能简单地局限于对政治语篇语言的形式特征和语篇结构进行分析,而应当通过解读语篇,阐释政治语篇中语言的选择,揭示其对政治意识形态的折射作用。从社会认知的角度来看,政治活动由语言符号建构而成,语言本身成为政治现实与意识形态的重要组成部分,这符合大部分人的社会认知,这种认知和理解究其本质也是通过语言这一工具形成的(刘永涛 2011)。总的看来,研究政治活动无法完全避免对其所涉的政治语篇加以讨论,通过话语分析的视角研究政治语篇由相关的社会认知理论驱动,话语分析的目标是通过描述政治活动参与者之间的政治互动,识解语篇中出现的特定话语现象,揭示语篇中蕴含的意识形态,解释政治交际背后权力与话语相互建构的基本过程。

1.4 政治活动中参与者身份的建构

语言和身份是政治活动的两大要素,语言在政治身份的建构中起着重要的作用。身份不是天然存在的,需要通过外在手段建立与建构(Triandafyllidou & Wodak 2003),身份的形成过程本质上是一个话语过程。从社会认知的角度来看,政治交际主体运用社会认知能力形成对政治活动的认识,并在这一过程中建构各自身份,因此身份是一种社会建构概念,身份是社会语言建构的结果。政治活动中的参与者身份是指交际主体通过彼此叙述所产生的一种主体间认同,参与者在互动过程中,形成了自身的身份意识,通过语言呈现建构出政治身份,并维持和发展身份(孙吉胜 2008)。政治活动中的参与者身份可以大致分为个人与集体身份,国家身份就是一种典型的集体身份。无论是哪种身份,在政治交际中,不同的参与者都能形成一种共享的身份认同,即不同政治参与主体在政治事务的认知上达成一致,在一定程度上维持了政治活动的秩序与参与者间关系的平衡。

面对错综复杂的政治关系、事件与环境,政治活动的参与实体通过政治语篇的形式,采取一定的言语行为和政治行为(文旭 2019);政治活动的开展离不开对自身与他人政治社会信息的加工与分析,即"对别人和自己的思考"(Fiske & Taylor 1984),这样解释与分析社会(政治)信息的过程与方式又称作社会认知。从政治话语分析的角度来看,这种"社会认知"也正是一种对自身和他人政治身份的建构;也就是说,不同的参与者之间存在身份认同,参与者对自身也存在身份认同,即"自我认同"。自我认同指的是政治活动参与者的自我认识与自我意识,是在政治活动过程中所形成的多重身份的综合产物(孙吉胜 2008)。在国内政治中,个体有自我认同;在国际政治方面,国家作为政治活动的参与者也有自我认同;无论是哪种政治层面的自我认同,都是通过政治话语的建构形成的。

与政治活动参与者间的身份认同一致,自我认同也是动态变化的,受制于参与者所处的社会环境,换句话说,要想了解自我认同的实质,就离不开对政治语篇所处的社会环境加以分析,因为社会环境的变化会对自我认同的塑造产生影响。政治活动的参与者不但会通过政治语篇对自我身份加以建构,还会根据实际需要,以自我利益为中心,巧妙地重构语言结构,改变现有的不符合自身要求的叙述,借此对其他参与者的身份进行操纵。例如一国首脑在访问别国时发表政治演讲,就是通过这一种政治话语形式,采用一定的话语策略,建构一定的国家身份,以达到传达自身积极形象的目的。本研究重点关注的是作为一种集体身份的国家身份。国家身份指的是一个国家在国际社会中的角色;国家身份的建构需要国家主动明确自身定位、建构的主要手段,即政治话语在政治互动中扮演着重要角色;很明显,国家身份不是一元的概念,它基于语境,通过话语建构的方式构建多元的身份,当然在分析中研究者可能只选取某个特定的身份进行讨论。需要说明的是,一个国家的自身身份建构可能得到认可,也可能存在分歧,这就需要国家之间以政治话语为主要手段,形成一定的共识;也就是说国家身份不是一成不变的,会随着环境变化而发生改变,国家身份具有动态变化的特征。

概括起来,政治语篇是揭示参与者身份的重要依据。通过话语分析的工具研究政治语篇,需要重点对政治语言的产生进行整体叙述,分析语言中体现的权力关系,尤其是这一关系对参与者身份的影响;研究政治话语如何建构参与者身份,对于政治语篇的解读至关重要。考虑到身份本质上是一个关系性和社会性的概念,政治活动参与者之间的互动起到了建构参与者身份的作用,因此有必要对政治语篇中参与者关系的话语建构展开讨论。

1.5 政治语篇中参与者关系的话语建构

政治活动中的参与者是政治交际的主体,不同身份的参与者通过政治话语来建立和发展他们之间的关系;话语分析能够帮助我们看清楚政治活动中参与者的身份以及彼此之间的关系是如何通过话语建构的,这些参与者可以是政治家或政治组织。本研究基于 Foucault(1995)对权力与话语的论述,认为政治活动中参与者之间的关系通过政治语篇中蕴含的权力关系体现。根据 Foucault(1995)所提出的话语建构论,权力具有生产性,它能制造知识,权力与知识通过话语产生联系;知识是由政治语篇直接或间接体现的,与政治语篇的参与主体密切相关,有的学者认为这些政治知识构成了理解政治语篇的语境(彭文钊 2017)。Foucault(1995)认为,话语以知识的形式建立秩序,在政治层面的秩序界定也就是一种权力建构;换句话说,如果没有知识领域的相关建构,权力关系就不存在,如果不同时预设和构成权力关系,知识也就不存在;有鉴于此,话语和权力之间具有相互建构的关系(刘永涛 2011),权力制造话语,话语反过来也能塑造权力,甚至语言本身就是一种权力("话语权")。彭文钊(2017)指出,话语与权力的相互建构主要体现在四个方面:(1)话语建构政治现实,在特定的政治话语结构中,政治活动参与者的行为都有固定的模式;(2)话语建构政治交际主体,具体地说,建构的是政治活动参与者的身份及其相互认同、自我认同;(3)话语建构知识与权力,知识与权力之间是共存关系,权力通过知识建立合法性权威,知识通过权力建立真理性权威;(4)政治活动的参与者在政治话语实践的过程中也在建构话语,其实这一方面也体现了话语建构的权力特征("话语建构权"),不同身份的政治交际主体建构的话语结构及其稳定性存在一定差异。政治话语本身也具有很强的建构性,通过不同的话语手段对于同一个客观事物加以描述,能体现话语发出者的观念与态度,由此,政治身份、参与者关系(权力)甚至"政治现实"得以建构。

我们所论述的正是政治语篇中的话语建构现象。政治语篇作为一种政治活动的产物,其中隐含权力的协商与话语权的争夺,即权力对话语的建构。在这一语境下,参与者关系其实可以视为一种权力关系,即一种行使权力者与接受权力者的特定关系(刘永涛 2011);换句话说,在政治活动中,参与者关系借由话语建构,通过话语分析的工具分析政治语篇,就能揭示其中所涉及的参与者关系的实质。Foucault(1995)的另一重要观点是,(政治)话语具有不客观的属性,从个体角度来看,政治活动的参与者通过话语构建自身形象与身份时,倾向于忽略自身缺点;国家之间的话语构建同样如此,具有话语权的一方以政治语篇为工具,常常将自己定义为积极的一方,又同时结合实际需要塑造别国形象,这也体现了权力通过政治语篇建构"事实"的特性;这些"事实"隐含在政治语篇中,由于其建构逻辑完善,不容易找到漏洞,常常被当成是政治活动的真实、客观写照,话语分析就是要揭示政治语篇中所暗含的权力与知识的运行规律,也就是权力结构以及这一结构所反映出的一系列参与者关系。

研究政治语篇也能对国家关系的解读起到重要作用,也就是要将国家看作国际政治活动的参与者,毫无疑问,国际政治中的话语构建分析必须以话语分析为核心。国家之间的关系可能以物质暴力的形式体现,在更多时候则是通过语言形式呈现,即通过语言工具进行沟通,以达成共识或诉诸各自立场。这些国际关系中的语言形式其实与人际关系中的"对话"与"独白"(刘永涛 2011)并无本质不同。归结起来无论是哪一种,其外在体现形式均为政治语篇,所分析的各要素同样包括参与者身份、话语的内容、使用语言的方式、具体语境等。国家关系背景下的政治语篇主要有两方面的作用:一方面,合理运用政治话语有助于为国家营造正面的国际形象,形成良好的合作关系;另一方面,政治话语也是外交矛盾与冲突的来源(刘永涛 2011)。有鉴于此,分析政治话语时有两种研究方向:一是可以关注国家内部政治语篇中所体现的话语建构现象;二是关注政治话语(对外政策话语)中所体现出的国家间关系,也就是将话语分析工具运用于国际关系政治语篇的讨论,这一分析的重要性是我们力图凸显的。基于第二种研究取向,我们将在 1.7 中将中国外交部发言人答记者问时的政治语篇作为语料加以分析。

1.6 政治话语分析的分析范式及其特点

根据不同的理论基础,政治话语分析体系中也产生了不同的分析范式;这些分析模式有的相互统一,有的能相互结合,形成新的分析模式,其中最具代表性的政治话语分析方法是批评话语分析,其他重要的、已经运用于政治话语分析的方法主要包括多模态话语分析、社会认知话语分析、会话分析、语料库话语分析;需要注意的是,这只是一种大致划分,不同的话语分析方法之间并非对立,而是可以融合的。

批评话语分析(critical discourse analysis)兴起于20世纪90年代,综合了社会学、政治学、语言学方面的理论(Fairclough 1995;Wodak 1995,2009),同时也综合了多种话语分析视角,是最具代表性的政治话语分析方法。在批评话语分析中,运用最广的理论工具是系统功能语法;批评话语分析强调语言的社会性,把话语作为一种社会实践(Fairclough & Wodak 1997),从语言结构入手,通过对政治语篇进行及物性、情态、主述位信息结构等一系列分析,解析语言符号在社会建构中的作用以及作为话语意义的意识形态,将语言结构与社会结构联系起来,探索特别语言表达的选择对社会建构的影响,即"那些植入到话语实践的内容和形式中,用以建立、维持和改变权力等社会关系的建构"(Fairclough 1995)。在此基础上,这一分析方式并不强调社会立场的绝对客观(Wodak et al. 2009),而是强调将语篇分析与社会历史分析相结合,采用合适的话语分析方法,着眼政治社会活动对话语的建构过程,发掘语言结构和社会结构之间潜在的关系,分析的主题涉及政治生活的方方面面。这一范式非常关心在社会政治语境下,话语与权力、话语与意识形态的关系,以及政治语篇中权力、刻板印象、偏见语言的使用等问题(文旭 2019),以此尝试揭示(西方)政治实践和话语背后的真相,即话语折射出的权力滥用、权力操控现象。

批评话语分析的长处之一在于其扩展了政治语篇的分析范围,一些传统的政治语篇分析关注点主要落在大众的政治话语上,缺乏对政治精英与政治实体的语言的分析,虽然这类语篇的受众并不一定广泛,但是批评话语分析认为这两类分析都不可或缺(亓光 2020);国内政治话语的研究情况与前述相反,较多关注的是政府机构或领导干部的政治语篇,例如领导人讲话、政府工作报告等,缺乏对大众政治话语的研究,因此通过批评话语分析的方法能弥补这一缺失(Wodak et al. 2009),将研究范围拓展到中国基层的政治话语。总的看来,批评话语分析凸显政治语篇的社会功能,主要揭露意识形态与权力关系对政治话语建构的介入作用,通过对参与者身份、参与者关系的阐述,(具体到广义的参与者层面)揭示社会中各参与者争夺话语主导权的实质以及不平等现象,以及国际关系中存在的不平衡现象(例如霸权主义、国家主义等)。

另一种影响力较大的政治语篇分析范式为多模态话语分析(multimodal discourse analysis),虽然它并非本研究主要关注的内容,但仍然值得简要对这一范式的特点加以介绍。这一流派以社会符号学与系统功能语言学为理论基础,将话语分析的对象从传统的语言要素(例如时态、语态、句法等)扩展到了非语言的符号系统,语篇的意义潜势因而得到增强。政治活动中涉及的多模态话语指的是运用多种感觉,通过多种符号手段进行政治交际(张德禄 2009;潘艳艳 2011)。对政治语篇进行多模态话语分析,所研究的语篇为多模态语篇,例如政治海报、政治漫画等。这一范式探索多模态语篇和政治活动以及政治活动参与者之间的关系,通过对多模态语篇的分析同样能揭示其中的意识形态特征。

社会认知话语分析(soci-cognitive discourse analysis)也有一定影响力,运用这一分析方法的学者包括 van Dijk(2001,2002,2008)、Chilton(2003)、Hart(2005)和 Wodak(2006)等。这一方法主张对社会认知进行关注,指出社会认知是话语结构与社会结构之间的中介,在分析权力与话语的关系时,需要从社会认知层面入手,可以认为知识、态度、意识形态是社会认知的体现(van Dijk 1993)。van Dijk 将自己提出的政治认知理论与批评话语分析结合起来,对政治话语进行分析;还有的学者将社会认知话语分析与多模态话语分析方法结合起来,对政治漫画中的身份构建进行分析(潘艳艳 2011)。

政治话语视角下的会话分析主要关注政治活动中真实发生的对话,强调政治活动的参与者有序地运用政治交际规则构建和理解政治交际行为及其发生的环境,对政治会话的组织形式(例如话轮转换)与结构加以分析(董平荣 2009)。这一分析方法重在微观分析,有助于揭示会话中隐含的权力、意识形态特征以及其在政治活动中的作用;但其宏观分析属性不足,因此有的学者指出可以将会话分析与批评话语分析方法结合起来,语料分析与批评性分析的结果相互佐证,为政治话语分析研究提供新的视角。

科技水平的提高促进了语言学研究方法的发展,有的研究者开始使用语料库工具辅助政治语篇的分析,比较基本的运用方向包括利用语料库对政治语篇中的词汇加以分析。首先按照一定的主题收集政治语篇,接着选取特定的政治词汇作为研究对象;或进行历时研究,即分析特定词汇在政治语篇中出现的频率随着时间推移发生的变化情况。需要注意的是,在政治话语分析中,语料库话语分析多作为一种辅助的分析手段,而非一种独立的分析方法;如果仅对语料库中的语料进行分析,没有其他的话语分析理论作为支撑,很难得出理想的分析结果。

需要指出的是,各个分析视角在选取分析的重点方面存在一定的差异。有的视角从修辞学切入,对政治语篇中出现的修辞表达加以分析,例如分析政治演讲中出现的隐喻表达对于政治家构建正面形象所起到的作用；有的视角重点关注通过政治话语建构的社会政治结构中的权力关系。无论是哪一个研究视角，都重视语境的分析，即分析政治话语产生的历史与社会等环境因素，阐述政治话语在特定时代背景下如何建构出某种政治活动参与实体的形象与政治活动本身之间的关系，例如政治批评话语分析的重要环节之一就是解析政治交际过程与它的社会语境之间的关系（辛斌 2005）。

这些研究视角的共性在于，它们均强调政治话语对意识形态和政治活动参与者身份与关系的建构作用。目前政治话语的研究方法主要有两大类，一是研究话语本身的结构，二是研究话语和社会的关系，而政治语篇的分析显然无法脱离社会与政治现实，因此基于政治语篇的话语分析方法基本都属于第二类话语研究。我们将尝试综合这些话语分析方法，结合各方法的优点，尝试建立政治话语分析的综合模式，对外交部例行记者会的问答进行分析。

1.7　外交部发言人答记者问的话语分析

中国外交部例行记者会面向来自世界各国的媒体记者召开，发言人代表整个国家，他们的讲话是对国家形象、国家理念和国家政策的直观展示，具有政治意义。我们收集的语料来自中国外交部官网对外交部例行记者会的三篇记录，分别为2019年12月11日、2019年8月7日、2020年3月4日召开的记者会记录，集中体现了中国在移民人权、香港暴乱事件以及新冠肺炎等问题上的处理方式和回应。为引用方便，下文中的例句出处将分别以"记录1""记录2""记录3"来指代上述三则语料，并分析探讨三篇记录中所涉及的政治活动参与者对于身份的建构以及对参与者之间关系的建构。

1.7.1　政治语篇的语类特点

语言与社会紧密相关，语言活动是社会活动的一部分，社会活动离不开语言活动的支持，因此，语类可以定义为"一个涉及语言活动的社会活动"（张德禄 2002）。Martin（1992）在语类之上加了一个"意识形态"层次，并由此提出用四个层次来进行语类分析：意识形态、语类、语域、语言（包括语义）。也就是说，在语类之上决定语类的是整个观念背景和观念氛围。Thompson（2013）认为语类可简单理解成带有交际目的的语域，它包括交际参与者通过语言要做什么以及交际参与者如何组织语言活动以实现该目的。

政治话语作为一种社会活动,主要涵盖由政治活动的参与者发起的,与政治活动相关的各种语类,如政治演讲、政治访谈、政治辩论、社论、外交评论、外交部例行记者会、政府新闻发布会、政治新闻报道等,这些语言活动在国家对内对外发展中有明确的语类目的和功能。每种宏观语类包括微观语类成分以及语类阶段。以下文三篇中国外交部例行记者会记录为例,外交部发言人讲话的主题内容主要涵盖经济建设与合作、科技与产权、维护人权等若干成分,由回应质疑、陈述事实、责任承担与建议、重申和坚定立场这四个阶段组成。下面是具体的一个问答例子。

例 1

问:关于记者的问题。今天,美国保护记者委员会发布报告称,至少有 48 名记者目前在中国被拘留,这一数字是所有国家中最大的。你能否证实?

答:首先,你提到的这个组织是美国的,对吧?在经历了这么多事情以后,美国操纵的这些组织已经没有任何信誉可言了,你同不同意?第二,你说有 48 名记者被拘押,不知你说的是外国记者呢,还是中国记者?近 600 名外国记者在中国常驻,他们在这里生活工作得很愉快。事实上,你们应该为在北京而不是在华盛顿工作感到幸运。因为我注意到最近有报道说,在美国因为记者漏报了什么或错报了什么,就被立即解职了。所以你们在这应该感到幸运。第三,最近在香港系列风波中,媒体报道显示,有很多假记者在做着违法的事情。对于那些假记者玷污新闻媒体从业人员声誉的行为,我好像也没有看到相关组织有报道,或作出应有的谴责。最后,你提到美国这个组织报告中的具体情况我不了解,没有办法向你核实。但中国是法治国家,任何人都不能凌驾于法律之上。如果触犯了法律,不管是什么身份,是记者也好,是公务员也好,都会受到法律的追究。因此我认为在提这个问题之前,首先应该了解清楚这 40 多人是否做了什么违法事情。(记录 1)

众所周知,人权问题一直是中国外交部受到外国记者质疑和挑战的主题。发言人先是质疑记者提到的机构报告的真实性和有效性,接着摆明事实,证明记者所提到的情况与在座记者的工作现状和普遍认识相违背,并提到香港事件中部分媒体工作者有损职业道德的行为,这些话语是为了表明外媒在刻意抹黑中国的问题上应承担相应责任。最后,发言人重申中国是一个法治国家,而法律一向是西方社会崇尚的文化概念和文化意识,从而向国际社会表明中国对民主、自由、人权拥有足够的尊重和坚定的底线。

1.7.2 政治活动中国家身份的话语建构

在政治话语中,身份是参与者有意识或无意识的语言选择的结果,显示了他们自己希望建构的身份类型,如美国的自我认同往往包括强大、正义、富裕、有能力等。如果具体到两个国家之间,身份认同是基于参与者双方共享的"我他(self-other)关系",是社会语言建构的结果(Hansen 2006)。因此,政治活动参与者可通过身份的语言标记来增加自我身份的归属感和认同感,或直接威胁对方的自我认同(Edwards 2009)。例如,语言标记"我们"可分为包含型(inclusive we)和排除型(exclusive we)两类。使用包含型的"我们"意味着参与者一方愿意将另一方纳入,使其与自己处于同一群体中,增强自我身份的归属感和认同感。排除型的"我们"则意味着参与者一方强调两者身份存在差异,不愿将另一方纳入自我认可的群体,甚至否认和质疑对方的身份。试看本章选取的几则语料中参与者一方对身份的表达。

例 2
今天的美国还真没有什么资格来跟中国谈人权和道德。……面对世人的侧目,不仅不以为耻,反以为荣;明明已经从山巅之城跌落,还浑然不觉,颐指气使。对此,我们注意到美国国内正在出现越来越多理智的反思和声音。(记录 1)

例 3
我们要共同反对"信息病毒""政治病毒"。个别媒体在没有任何事实根据的情况下,妄称新冠病毒是"中国病毒",企图让中国背上制造疫情灾害的黑锅,完全是别有用心。新冠肺炎疫情是世界各国面临的共同挑战,……疫情面前,我们需要的是科学、理性、合作,用科学战胜愚昧,用合作抵制偏见。(记录 3)

我们来看看在以上两个例子中,外交部发言人是如何增强自我认同的。

Wodak(2006)发现,国家身份的话语建构特别强调国家的独特性和国家内部的一致性。在例2中,中方发言人使用排除型"我们",吸引读者的注意力,凸显下文美国国家内部对于自我认同的认识存在不一致的事实,暗示这是与美国一向在国际社会中构建的自由、合作、尊重人权的身份相违背的,构建了美国缺乏理智反思、国内种族歧视等人权问题严重的形象。而在例3中,中方发言人使用包含型"我们",将中国与世界其他受疫情影响国家的命运联系在一起,构建了中国与国际社会同心协力、携手应对的合作形象,以及勇于承担国际责任的人道主义形象,增强另一方的认同感。

1.7.3　社会政治活动中的关系建构

Halliday(1994)将语言功能概括为三个元功能:概念、人际和语篇功能。其中,人际功能是指人们使用语言与他人交流、建立和维持人际关系、影响他人的行为,以及表达他们对世界的看法,甚至改变世界。因此,人际功能具有表征说话者身份、地位、态度、动机等社会功能(Halliday 2004)。实际上,人际元功能的手段包含语气、情态、评价系统,其中语气结构体现人际功能中的话语角色关系,共包含三种语气(陈述、疑问、祈使)和四种言语功能(陈述、提供信息、提问和命令)。在政治话语中,政治参与者借助语气结构来协商和建构参与者之间的社会身份关系,在此同样以本章所选取的三篇中国外交部例行记者会记录为例:

例4

问:据报道,美国联邦参议员科顿、罗尼姆昨天称,对香港警察的镇压行动表示担忧,称中共似乎准备暴力镇压香港抗议者。如北京在香港实施戒严,美国将重新评估对华关系,包括停止中美贸易谈判、修订《美国-香港政策法》等。你对此有何回应?

答:连日来,在香港发生的示威游行活动已经演化为极端暴力行为,严重触犯法律,严重危害香港社会的安全秩序,严重危害香港市民的生命财产和正常生活。面对如此严重的暴力违法罪行,任何一个负责任的政府都绝不会坐视不理。美国的这几个议员是否还记得,美国警方是如何处置2011年"占领华尔街"运动的?……如果当前香港极端暴力违法事件发生在美国,美国的警方又会如何处理?……中方要再次正告美国一些人,立即停止纵容暴力违法犯罪,立即停止粗暴干涉香港事务。(记录2)

例 4 中,在陈述事实、向记者提供香港事件属违法犯罪性质的信息的同时,中国外交部发言人的讲话确定了中国的外交立场和中国在香港事件中的角色,即这是中国内政。通过连续提出疑问,明确了中国政府此次在香港的作为是为了维护国家安全和社会秩序,暗示中国政府的处理方式是视其为中国内政。最后通过祈使语气强烈要求美国停止粗暴干涉别国内政的行为,表达对美方纵容暴力犯罪的反对和谴责态度,进而构建了中国在处理国家事务时的强势形象。

1.8　话语建构的政治活动

1.8.1　话语分析揭示政治身份建构

政治活动参与者往往通过政治话语对外进行有目的、有意识的身份构建。在身份构建的过程中,语言是一种外显的行为,且是动态的变化的。当政治活动的参与者对"我他关系"的构建发生变化时,自我身份的某些方面也会随之发生变化,也就是说,政治活动参与者的身份是动态的,在极强与极弱间连续变化,既可以倾向于强势也可以倾向于弱势,或者居于两者中间。话语研究学者认为身份是个人在社会活动中的某种行为表现,并不是个人固有的某种特征,而且不是一成不变的(Widdicombe 1998)。因此,对政治话语进行分析,不仅能够从整体上揭示政治活动参与者构建的宏观身份,并且能够发现政治活动参与者构建的身份所具有的目的性、关联性、协商性和动态性。例如 1.7.1 节中的分析体现了在政治话语中,政治参与者会在某个宏观语类下构建自己的宏观身份,比如外交部发言人代表国家,构建一个提倡在国际政治、经济、科技、文化领域平等友好交流合作的外交形象。在这个宏观身份下,政治活动参与者又通过不同的语类阶段来构建立体动态的身份:在国家荣誉受损、国家安全受到威胁时采取"正面刚"的强势形象,在国际命运共同体下则呈现出谋求共同发展的友好形象。各个关联的语类阶段同时也体现了政治参与者身份的关联性,这样的关联性有助于参与者在总体上达到构建一种对自身有利且多数人认可的身份的政治目的。

1.8.2　话语分析揭示参与者关系

在政治话语中,权力关系的实际呈现受政治活动参与者本身因素影响,包括其政治地位和角色、政治话语权等,从而导致其话语建构效果有不同程度上的差异。强势方会按照自己的利益诉求制定规则,弱势方只能被动地接受与遵守。Wodak(2006)提出,国家身份的建构也依赖官方霸权叙事。在政治话语中,命名权和解释权就是一种霸权,它构建了政治活动参与方的行动框架。例如1.7.3节的例子中,美国联邦参议员科顿、罗尼姆把中国政府在香港维护治安的行为称为"损害人权、侵犯自由",这种话语命名显然具有其作为霸权国家的政治动机。人权作为西方的"普世价值"成为美国构建自身在伊拉克、叙利亚、阿富汗等国挑起战争的合法性的依据,也成为美国在人权问题上抹黑中国的一大工具。在这种话语分析中,政治活动参与方构建了一个"我们"与"他者"的对立关系。透过话语表面,话语分析呈现了在政治活动中强势方对弱势方的权力支配关系。通过分析话语中的指称,如"我们"的包含性和排他性,也可以得知政治活动参与者构建了参与者双方的亲疏关系。同时,研究发现,在政治话语中,政治参与者身份建构的多样性与参与者权力关系的建构成反比,即一方话语建构的身份越多,对立关系越弱,合作关系越强。

1.8.3 话语分析的局限性

政治话语具有隐含意义和说服性的本质,话语分析可以揭示政治话语中身份的建构、政治参与者之间关系的建构以及背后所隐含的意识形态。尽管在政治活动中,参与者都会尽可能地表明其客观性和合理性,但参与者的话语会在不同程度上受到自己的身份、权力(地位)和意识形态的影响,而这些隐含的关系不容易被大众所发现。在话语分析的视角下,广大读者可以清楚地理解政治话语在国际社会中的作用,注意到话语与政治权力之间的关系并因此理解话语的政治性质,同时,话语分析视角也为揭示和研究参与者在政治活动中建构的意识形态、身份以及权力关系提供了有效思路和方法。

虽然政治话语分析研究的历史不长,但并不影响语言在政治活动中的地位,忽视话语分析在政治语篇研究中的重要作用是过往研究视角的一大缺失。但值得注意的是,以话语分析为视角观察和分析政治语篇中的话语建构现象,并不意味着话语分析视角是万能的,也并不意味着就一定要排斥其他的研究视角,在政治话语建构研究中,这类非此即彼的研究思路非常危险。从本质上看,单一的研究视角都各有其优缺点,只有结合这些有局限的研究视角,才能更加深入地理解政治语篇中所折射出的复杂的政治、社会和语言现象。同时结合中国目前所处的时代背景,本研究的意义在于通过分析政治语篇中的参与者身份与关系,揭示话语背后的权力与意识形态特征,为解构西方政治话语体系,提升中国在国际政治舞台上的话语建构能力提供新的思路。当然,由于这类研究无法避免基于语篇的主观理解,很难通过实证研究验证所得出的结论,因此只能对政治语篇中所体现出的一些话语建构现象进行描写与解释,着眼之处较为微观,在分析过程中可能脱离具体的政治实践(尤泽顺、陈建平 2008),似乎无法揭示政治现实的"全景"。虽然如此,政治语篇的话语分析作为一种具有一定先进性的研究视角,仍在很大程度上弥补了之前政治语篇分析领域的不足。

1.8.4 政治活动的话语建构研究展望

语言是一种人类特有的表达意义和交流思想的工具,能够体现社会的方方面面,政治活动也不例外;语言具有政治性、权力性、建构性等特点(孙吉胜 2013),政治语篇是政治语言的一种体现形式,因此研究政治语篇对理解政治活动进程具有重要意义。本研究以话语建构为视角,对政治活动的产物之一,即政治语篇,进行话语分析。本研究主要从参与者身份与关系两方面展开叙述,这两方面的关键之处在于:(1)身份是政治关系网络中参与者所处位置的标志,身份的构建是一个动态的过程,随着政治话语语境的不同而变化(陆小鹿 2015);(2)政治活动的开展离不开参与政治活动的实体之间的关系。有鉴于此,本研究尝试用话语分析的方式探讨政治语篇中的国家身份关系,以及社会政治活动关系的建构,并应用此模式对语料加以分析。

在中国,未来政治活动的话语建构研究可从以下四个角度开展:(1)政治话语分析的方法与理论体系源自西方,在一定程度上,这些政治话语分析的理论成为西方意识形态自身话语建构的工具,而我国政治情况与西方有所差异,因此将西方的理论和方法生搬硬套,不加批判地运用于我国的政治话语分析中是不合适的,如何基于中国现实的政治经验,建构具有中国特色的政治话语分析方法,准确理解当代中国的政治话语,需要进一步研究;(2)目前尚不清楚如何将政治话语与非政治话语区分开来,在如何界定政治话语方面有待深入探索;(3)应当更加关注涉及弱势群体的政治话语研究,例如农民工、留守儿童的话语身份建构(杨敏、符小丽 2018);(4)此类研究是否可能在分析中遵循一定的标准,避免分析者个人意识形态的影响,即避免自身形成另一种"话语霸权",这也同样值得关注。

第二章 就医场所中的身份、关系和知识建构

2.1 引言

医院是满足人类医疗需求和提供医疗服务的专业机构,是收容和治疗病人的服务场所,是以救死扶伤和治病救人为主要目的的医疗机构。医院不仅仅服务病患和伤员,也服务处于特定生理状态的健康人(比如产妇、新生儿、老人)以及完全健康的人(比如去医院进行体检的人)。就医是生活中极其关键、必不可少的一项社会活动,当人们出现身体不适或发生意外事故的时候,及时就医非常重要,医生能帮助患者缓解疼痛、治疗疾病以及挽救生命。

随着我国医疗卫生事业市场化改革的推进,医患矛盾愈发突出,暴力伤医事件时有发生,医患关系已经不仅仅是社会问题,还是突出的民生问题。国内的学者从不同的学科视角对医患关系进行了研究。史学视角对医患关系的研究分为三个阶段,首先是对早期的巫医文化的研究,然后是中期的以患者为中心的医者仁心的研究,再到近代对医患关系从主动-被动型转向指导-合作型继而转向共同参与型的研究,梳理了医患关系研究的发展和演变;伦理学视角探究了医患之间知情同意的伦理基础以及医患矛盾产生的伦理因素,提出了化解医患矛盾、构建和谐医患关系的方案;法学视角对医患关系的研究主要集中在"医患法律关系"这一民事法律关系上,医患法律关系指的是存在于医方和患方之间的基于约定或法律直接规定,在进行就诊、治疗、护理等医疗行为过程中形成的医患双方法律上的权利义务关系(赵敏、曾予 2008);心理学视角认为医患关系是医患双方心理和行为的交往和互动关系(尚鹤睿 2008),探讨了影响医患关系的个体心理因素和社会心理因素,从心理建设的角度提出了构建和谐医患关系的建议;社会学视角认为医患关系是人际关系在医疗情境中的一种具体化的形式,运用社会角色理论和社会交换理论分析医生和患

者的社会角色,建议通过调整自身的角色定位和正确理解角色期待,重新构建和谐良好的医患关系;教育学视角认为应该加强医学人文教育,以人文精神引导医学走向,以科学精神丰富医者思想,引导医生将医学专业技术与医学人文精神结合起来,建立和谐信任的医患关系。由此可以看出,医患会话作为机构话语的重要组成部分,跟我们的社会生活息息相关,是很多不同学科的研究内容,具有较高的研究价值和意义。

本章首先综述社会认知视角关于医生身份建构、医学知识建构和医患关系的研究,总结这些研究的发现,进而讨论话语分析视角下这三个方面的相应研究成果,并将其与非话语分析视角下的发现进行对比,凸显话语分析在就医场所研究中的优势;随后以话语分析为工具,分析记录新型冠状病毒疫情的纪录片《生死金银潭》中的医患会话,揭示其中医生身份和医患关系的话语建构现象;最后讨论话语分析呈现的关于医患话语的社会认知有何发现,探讨话语分析对于医生身份、医学知识和医患关系建构的意义。

2.2 社会认知视角下的就医场所中的身份、关系和知识研究

2.2.1 医生的身份研究

近年来,我国医疗纠纷日益增加,医患之间缺乏信任,甚至出现暴力伤医事件,在这个过程中医生的身份建构受到了挑战。要缓解医患矛盾非常重要的一个方面就是医生要调整自身角色定位和进行身份建构。身份建构是指在特定的文化和环境中进行一系列自我定义和自我修正的过程,是话语建构的结果(凌海衡 2014)。国内对医生身份建构的研究主要侧重于医学社会学关于现阶段我国医生角色身份内涵的研究,一般认为,医生存在多元身份。Brewer & Gardner(1996)提出从群体、人际和个体三个范畴划分身份:群体身份源于显著社会群体的成员身份;关系身份形成于与其他社会成员的交际互动过程中;个体身份是区别于他人的自我身份。通过对医患会话的分析得知,医生的群体身份主要体现为机构身份和专业身份,前者指的是作为某一社会组织成员,说话人对自身的定位(van De Mieroop 2007),后者指的是说话人展现出的业内专家身份(Dyer & Keller-Cohen 2000)。医生的机构身份是医院这一特定机构赋予的,医生与医院之间存在同盟关系,医生代表医院的意志。

医生的专业身份主要体现在医生的专业医疗知识和技能上,尤其是医生在诊疗过程中使用的医学专业术语上。医生的关系身份主要通过与患者的互动进行构建,医患之间存在三种主要的关系模式:主动-被动型、指导-合作型和共同参与型(吴汉荣 2014)。医生的个体身份的建构意在突出医生作为个体所拥有的特性,从而树立医者仁心、认真负责的形象。

以上研究表明,与社会认知相关的学科领域关于医生身份建构的研究更多的是从医生的角度入手,看医生在医患会话中如何通过自己所属的群体以及个体特性,运用语言策略来建构自己的身份,对患者对医生身份建构所起的作用关注很少。

2.2.2 医学知识的研究

医学知识是就医场所医生和患者交流的主要内容,目前关于医学知识的研究主要包括以下两个方面:

(1)医学知识服务平台数据库的构建和共享,利用云计算、大数据、物联网、移动计算等新技术构建医学知识服务平台,记录医学知识,提供语音交流和数字交流等多种记录方式,尽可能地保存医学隐性知识,如诊断经验、药品合成工艺、中药处方等(朱其军 2011)。医学知识服务数据库的构架,主要分为疾病知识库、药品知识库、辅助检查知识库、循证医学证据数据库以及其他知识产品与服务等(张文举、李娜 2007)。平台的构建有利于加强各医疗单位之间的交流与合作,将个人知识和信息提升为组织知识,将医疗群体各自创新的医学资源整合集中,向医学机构成员开放,提高对医疗卫生知识资源的整合能力,促进医学群体之间的知识共享、经验传递,促进医学科研成果的应用与转化。同时,通过平台向公众提供健康知识服务和医疗惠民服务,让公众能够方便快捷地了解常见疾病的基本症状、常规诊治手段和饮食注意事项等,提高公众的健康意识和医疗常识。

(2)医学知识的可视化研究。有些非话语分析的研究者认为医学知识是医生关于疾病、药品和医疗技术等方面的经验和认识,是医生的一种个人经验和技能,与患者无关,而且医学知识是相对静态的,是能够储存在知识库中,并用可视化的方式呈现出来的。医学知识可视化已经广泛应用于医学影像、基因与基础医学、医学教育、各类临床疾病分析以及中医中药等。知识可视化指可以用于构建、传达和表示复杂知识的图形图像手段,除了传达事实信息之外,知识可视化的目标还在于传输人类的知识,并帮助他人正确地重构、记忆和应用知识(安辉等 2018)。借助于人脑的视觉认知优势,知识可视化能够更直观清楚地展示医学知识,促进医学知识的挖掘、传播和应用,在人机交互、知识复用和智能健康中发挥重要作用。医学知识可视化通过计算机执行健康评估,能够为健康管理专家提供友好的人机交互接口,有助于健康评估的有效开展。因此,非话语分析研究者多认为医学知识是医生的个人经验和技能,以静态的方式存储在知识库中,并以可视化的方式呈现。

2.2.3 医患关系的研究

医患关系是医疗活动中最重要、最基本、最活跃的一种人际关系,是患者和医生在诊疗或缓解疾病过程中的双向互动关系。目前关于医患关系的研究主要集中在以下两个方面:

(1)医疗体制对医患关系的影响

从政策体制角度来讲,医疗卫生资源分配不合理,小医院的医疗技术条件差,人们倾向于去医疗资源更为集中的大医院就医,导致大医院资源紧张,医生压力大、负担过重,从而使医患关系恶化。从医院管理角度来讲,医院管理水平也是影响医患关系的重要因素之一,研究表明候诊时间过长是引发患者不满的首要原因,因此优化就诊流程、缩短候诊时间成为很多学者关注的重点。很多研究者也就这一问题提出了相应的解决方案,包括完善分时段挂号,分楼层统一收费,采用预交金结算,加快医院信息化建设,实现各部门各科室的信息共享等(叶欣 2015)。

(2)社会因素对医患关系的影响

一方面是部分媒体片面的报道错误地引导了观众对医患关系的态度,媒体对医生收红包、开大处方以及医院收受回扣等不良现象以及医疗纠纷的片面报道,容易让老百姓对医疗行业失去信心,使医患关系更为紧张。另一方面是医疗机构市场化速度过快,导致部分医生缺乏人文关怀,忽视病人的心理和情感需求,让患者觉得医生冷漠无情。同时,部分医院唯利是图,对患者乱收费,医疗成本大幅增加,从而激化了医患矛盾。因此,医院要提高竞争力,一方面要培养医生的人文精神,让医生在治疗的时候不仅关注患者的生理需求,还要在情感上给予患者关怀与安慰,帮助患者克服紧张与不安情绪。另一方面,医院要加强对各级工作人员的管理,避免出现医生收红包、开大处方以及医院收回扣等不良现象,合理控制医疗成本。总体而言,上述学者在研究医患关系时,更多的是从制度层面和社会层面关注医疗体制、医生、医院以及媒体对医患关系的影响,对患者在医患关系构建中起的作用关注较少,认为医患关系是一种相对静态的关系,是医生和患者的相处和谐与否的一种状态。

2.3 医生身份的话语建构

身份不仅涵盖一个人在出身、职业、资格等相对固定的社会关系领域中的位置,还指在特定的社交场合中个人主动建构的形象,交际身份随之产生(Goffman 1981)。人们在交际过程中,会依据不同的交际目的选择和建构适合自己的身份。医患交际是典型的机构话语,医生在与患者进行交流的同时也不断建构自己的身份。目前,关于医生身份的话语建构研究主要集中在两个方面:医生与患者在特定语境下进行互动时,通过协作话轮完成和话语标记语建构出来的动态身份;面对不同的患者时,医生运用不同的语气词构建出来的多重身份。首先,关于医生建构出来的动态身份,Heritage(1984:180)指出,在机构话语中,交际者一方面通过他们的会话行为维持(maintaining)、阐释(elaborating)或者重构(transforming)他们在机构环境中所处的地位、身份和状况,与此同时,他们也再现(reproducing)、发展(developing)或者修改(modifying)制约他们会话行为的机构现实。这说明机构会话的机构属性与交际者机构身份关系的再现与重构有着相互制约和相互促进的密切关系。Omoniyi(2012:260)认为身份建构是在具体语境下的社会交际过程中发生的,具有动态性。个体在不同的交际场景,甚至在同一次交际的不同阶段会建构并突出不同的身份(Holmes 2006:167-168)。

在医患会话中,受机构会话特性的制约,医生的主要身份是通过医学专业术语构建出来的医学知识专家以及通过对话轮的掌控建构出来的权势者身份。但研究者通过对协作话轮完成(collaborative completion)和话语标记语(discourse marker)的分析,发现在特定的语境下,医生除了建构自己医学知识专家和权势者的身份之外,也修改和重构自己的身份,建构对患者病痛的理解者、同情者和帮助者这样的多重身份。协作话轮完成是一种特殊的话轮构成形式,是由会话双方共同完成单个话轮结构单位,即由第一个说话者开始话轮,第二个说话者结束话轮(梁海英 2014)。在医患会话中,患者在描述自己的病情时,由于专业知识的缺乏,有时不懂怎么表达自己的想法,医生通过协作话轮完成的方式构建对患者的理解者、同情者和帮助者的身份。话语标记语指的是一些在话语中起语用作用的词语或结构,包括部分连词(如 and、therefore、because 等)、副词(如 actually、incidentally 等)、感叹词(如 well、oh 等)以及某些短语或小句(如 I mean、you know 等)(冉永平 2000:8)。Gardner(2001:113)指出,一些话语标记语,如"是的、嗯、哦"等,特别是"是"的一些变体式表达往往用来表明会话者对对方的赞成和结盟。医生在与患者会话的过程中,经常使用很多"嗯""哦""对啊"等话语标记语,建构出对患者的同情者和理解者的身份。

医生使用的汉语语气词可以通过语调、语气词、语气副词和叹词等多种途径表达,"从所表功用的专用性和所表语气的多样性这一角度来看,使用语气词无疑是其中最为重要的手段了"(张谊生 2000:265)。王力(1985)认为语气词是表示语气的虚词,往往置于句末,它的基本话语功能是信息凸现功能和话语结构标记功能。在医患会话中,医生在问句里使用的主要是"啊""吧""呢""吗"等疑问语气词。有研究发现,医生使用句末带有疑问语气词的问句比率占到一半左右(罗茜 2015)。疑问语气词"吗"表中性的询问,不带有任何倾向和感情色彩,是医生最常使用的获得信息、推进话题的手段。它的高频使用可以建构医生作为会话的主导者和冷静的信息的主要索取者的身份。医生的职业要求倾向于公事公办,尽量不带个人感情色彩,营造的会话氛围比较生硬。语气词"吧"在削弱预期强度的同时,带有商榷的口吻,可以表示对患者的尊重,构建同伴的身份,与患者进行平等的协商。语气词"呢"则往往表达提问者的个人猜想和焦虑,医生使用的频率很小。"啊"强调疑问信息,突出个人夸张的情感,体现医生对患者病情的关心和急切的心情,医生同时以此建构自己作为患者朋友的身份,在与成年患者沟通的时候往往较少使用;但是医生在与儿童和老人患者进行会话时,更倾向于使用"啊"来表达比较强烈的个人感情,拉近与患者的距离,让他们感受到自己的关心。

综上所述,从事话语分析的学者在研究医生身份建构的时候,多从医患双方的互动入手,既关注医生自身的身份建构,也关注患者对医生身份建构所起的作用。而且,医患会话构建的是一种动态和多重的医生身份,医生在特定情境下与患者进行互动时会修改和重构自己的身份,除了建构医学知识专家和权势者的身份,还会通过协作话轮完成和话语标记语建构出患者病痛的理解者、同情者和帮助者的动态身份。医生还会通过不同语气词的使用建构出医患会话主导者、信息主要索取者以及儿童和老人患者的同伴和朋友的多重身份。

2.4 医学知识的话语建构

医学知识的建构是就医活动的一个重要环节和组成部分,话语分析视角下的医学知识主要是通过医患之间的话语互动建构出来的。目前,关于医学知识的话语建构研究主要集中在医生的建议是如何推进的,病人的相应反馈以及医生针对不同文化程度的患者如何采用不同的方式构建知识。医患会话不仅有助于医患之间进行更好的沟通,更重要的是使医生了解患者的病情,并给出治疗建议以及相应的治疗方案,最终达到治疗疾病的目的。医生为患者提供治疗建议是医患会话中的一个重要环节,而医患会话作为机构性谈话,以任务为导向的特点决定了它的会话结构具有一定的规律,并遵循一定的标准模式。

医生在提出建议之前通常会使用专业词汇表明自己较高的知识状态,一方面可以给患者更精确的解释,另一方面专业词汇的使用会让患者觉得医生专业,对医生给出的治疗建议的接受度也更高。患者在听到医生使用的专业词汇时往往由于缺乏相关医学知识而无法理解,因而会向医生寻求解释。研究表明,对有较多的问题和表示明显的担心的患者,医生会提供更多的信息和更多的支持和鼓励(Street 1992)。医生在给出建议的时候可能会使用高情态值的情态词"应该"来提升原有的知识状态,使得建议的语气更加强硬,也可能会使用"我觉得""我认为"这样的缓和型词汇来降级原有的知识状态,削弱建议的程度。有时候医生还会在建议之后加上附加标记语,如"好不好"和"是不是",使用这种附加标记语可以凸显医生对患者意愿的尊重,在给出建议的同时将选择权交给患者;同时,以这样一种协商的口吻征求患者的意见,而不是强硬地要求患者顺从自己,也有助于构建与患者平等的同伴身份,从而构建和谐的医患关系。患者在面对医生提出的建议的时候,可以选用顺从式回应并强化医生的知识建构,也可以选用拒绝式回应和削弱医生的知识建构,甚至可以采用挑战式回应并拒绝医生给出的知识建构。由此可以看出,医生的知识建构是在互动过程中与患者共同完成的,通常情况下,医生使用语言行为建构医学知识后,患者的回应方式对其建构的知识起强化、削弱或取消的作用。

在诊疗过程中,医生尽量将其所掌握的有关疾病的特定知识、相关治疗知识、治疗后的康复保健知识告知患者,并通过医患间的沟通促使患者吸收并内化这些知识,最终缩小双方的知识差距。由于患者的文化程度不同,医生在向患者解释相关的医学知识时,需要采用不同的表达方式才能使专业知识被不同患者所理解和接受。比如,同样是关于甲状腺肿大的会话,面对受教育程度较低的患者,医生往往会采用比较通俗的说法,称之为"大脖子病",这样患者就能够根据自己的生活常识快速理解医生的描述,促进会话的顺利进行;但如果是与文化程度较高的患者进行交流,医生往往就会采用"甲状腺肿大"这样的医学专业术语来描述此种病症,这样会使医生的描述更加准确,对患者来说,医生的解释也更具专业性和权威性。

因此,通过话语分析得知,医生在给病人提出治疗建议的时候往往会通过专业术语、情态词以及附加标记语来与患者共同建构医学知识,而病人则会采取顺应式、拒绝式或挑战式回应并与医生协商知识建构。面对不同文化程度的患者,医生会采用不同的表达方式来促进患者对相关医学知识的理解和接受,从而促进医患会话的顺利进行。因此,医学知识是医生通过跟患者的互动共同建构出来的,针对不同的患者人群,医生所采取的知识建构方式也有所不同。

2.5 医患关系的话语建构

医生和患者之间的会话是诊治过程的重要环节,也是建构医患关系的重要手段。话语分析为医患关系的会话建构研究提供了新的视角,目前话语分析视角下的医患关系建构研究主要集中在以下几个方面:医生和患者之间的提问和回答;医患之间话语打断现象的研究;医生和患者之间在特定情境下称呼语的变化。

首先,关于医患之间的提问和回答的研究。在医患会话中,医生往往是提问的人,而患者更多的是回答医生的问题,偶尔提出自己的疑问。医生的提问作为一种社会行为,反映了医患间的社会关系。医生通过一般疑问句来获取信息,包括疑问型和陈述型两种方式。研究表明,医生使用的一般疑问句疑问型句式为"(主语)+有没有+病情?",一般疑问句陈述型句式为"(主语)+没有/有+病情?"或"(主语)+有+健康表现?"(夏艳 2013)医生用一般疑问句疑问型句式提问,表示医生对患者的病情不了解,需要患者回答,患者有较大的发挥空间。在这种情况下,医生的提问与日常对话中询问信息相同,患者容易理解医生的提问并给出相应的回答,同时还会扩展自己的话轮,医生也会对此做出回应,医患之间没有出现因为专业知识的差别而导致的话语权利不均,彼此通过提问与回答和反馈进一步深入话题,有助于构建和谐的医患关系。

这里要特别说一下一般疑问句的陈述型。当医生用一般疑问句陈述型提问时,表示医生对病人的病情已经有所理解,只是想跟病人确认一下。病人在给予确认后(从"嗯"到重复医生的话语),通常不会继续给出扩展性回答(夏艳 2013)。与疑问型不同的是,医生没有在患者回答的基础上提出相关的问题,而是在一个问题后不断地提出新问题。医生分别采用一般疑问句陈述型的肯定或否定形式,给患者的回答设定限制范围。前者暗示医生期望得到肯定回答,后者暗示医生期望得到否定回答,间接表明听话人对说话人的言行做出评价(Heritage 2010)。在这种情况下,医生能够在一定程度上提高问诊效率,但患者没有自由发挥的空间;此外,如果医生的语气比较冷淡,容易导致患者认为医生比较严肃冷漠,不利于拉近医患距离。

其次,关于打断现象的研究。在话轮转换机制中,会话的基本原则之一就是会话者话轮轮流,会话者需要知道在什么时候开始说话。但在实际过程中经常会出现话轮打断现象,即说话者的话轮被听话者中断,尤其是在一些机构情境中(如医院、法庭等)。依据说话人打断对方话轮的心理原因,打断可分为反对型打断、转移话题型打断以及合作型打断。反对型打断指的是当听话人对当前话轮持有人所提供的信息持异议时会用言语手段打断话轮从而表示自己的反对态度(朱丽萍 2014)。在医患会话中,大部分的反对型打断都是医生操作的,且医生较多地使用否定词,语气比较强硬。而病人打断医生的时候,往往采用商榷的语气来表达自己的观点,很少使用否定词,通常带有"这个、我想、我认为"等缓和语气以及具有疑问语气的标记语。转移话题型打断指的是当听话人认为对方给出的信息不相关或不符合自己的利益时中断对方的话语行为。研究表明此种打断基本都是医生提出的,当医生说一些与病情无关的话题时,患者一般都挺高兴的,认为医生愿意跟自己多说话,平易近人,也因此拉近了医患之间的距离。但如果患者在叙述病情时加入过多无关紧要的细节,医生往往会觉得浪费时间,会打断患者并引入新的话题以获取相关信息。虽然这样的打断有助于提高诊疗效率,但是同时也给患者造成了一定的心理不适感。

合作型打断具体可以分为:(1)打断者同意对方观点,表示理解或支持的赞同型打断;(2)察觉到对方需要自己的言语支持的支持型打断;(3)认为对方提供的信息不明确,需要进一步了解的澄清型打断(朱丽萍 2014)。医生对患者进行合作型打断往往是因为患者觉得自己的语言描述不清或知识缺乏,需要医生的话语支持,而患者对医生的合作型打断则大多是对医生的话语表示赞同,或需要医生提供更多的信息。相比于反对型打断和转移话题型打断,合作型打断不会给对方造成心理压力,反而有助于医患间的沟通,促进良好医患关系的构建。

最后,医生和患者对彼此的称呼语体现了交际双方之间的角色关系和权势关系。医生和患者会根据特定的情境转换称呼语,比如,在儿科医患谈话中,儿科医生会根据自己在谈话中的不同交际对象而对称呼语的使用进行相应的转换,从而适应新的沟通需要。首先,儿科医生和患儿家长之间的会话为权势对话,儿科医生对家长多用第二人称"你"或者第三人称的"家长"来称呼,甚至使用零称呼;儿科医生与患儿之间的会话则是非权势的会话,儿科医生对患儿多采用可以拉近心理距离的"宝贝"等一类的昵称,并在与儿童会话的时候自称"叔叔""阿姨"这样的亲属称谓(李惠平 2013),从而拉近与小患者的距离,减少患儿对陌生环境和陌生人的恐惧感,以利于诊疗的顺利进行和良好医患关系的建构。患儿家长对医生的称呼以职业头衔为主,这也说明儿科医生与患儿家长之间的对话是权势会话,大部分家长顺应这种权势。但在实际生活中也有部分家长对医生采取"姐"和"哥"等亲属称谓,这种非常规的称呼语表明家长希望能尽可能地拉近与医生的距离,希望医生能够更认真地为自己的孩子诊疗。

总而言之,会话分析在研究医患关系的时候,是以医患之间的互动为中心的。与一般疑问句陈述型相比,医生采用一般疑问句疑问型进行提问更有助于构建和谐的医患关系。与反对型打断、转移话题型打断相比,医生和患者之间采用合作型打断更有利于拉近医患关系。在儿科交际的特殊语境下,医生采用昵称来称呼患儿,并在与患儿交流时使用亲属称谓有助于拉近与患儿的心理距离,促进诊疗过程的顺利进行。医患关系是在儿科医患对话这种特定的语境下,医生和患者通过互动共同建构出来的一种动态关系。

2.6 《生死金银潭》中的身份和关系建构

2020年春节,新型冠状病毒来势汹汹,随着疫情不断升级,湖北省武汉市成为疫情重灾区,因发热病人数量众多,当地医疗系统已经超负荷运转,医务人员严重短缺。为了响应国家号召和帮助我们的同胞，国内多省份迅速集结医护人员赶赴武汉疫区，支援重症肺炎患者的诊治工作。在全国人民，尤其是全体医患人员的共同努力下，疫情终于得到了有效缓解和控制。我们选取的语料来源于由人民日报社出品的关于武汉金银潭医院抗击疫情情况的纪录片《生死金银潭》，全长 29 分钟。作为武汉疫区集中收治新冠肺炎患者的定点医院，金银潭医院是武汉的"中心疫区"，截至 2020 年 3 月 30 日 9 时，累计收治新冠肺炎患者 2780 例，累计治愈出院患者 2129 例。《生死金银潭》真实记录了金银潭医院医患之间的日常故事和生死时刻，是全国唯一全景式记录武汉定点医院隔离"红区"的纪录片，具有很高的研究意义和价值。

我们选取了医生与一位有轻生念头的新冠老年患者之间进行的会话（疑问语气词用下划线表示，附加标记语用粗体表示）。

医生：爹爹，你今天怎么样啊？你昨天晚上怎么把氧管缠到脖子上去啦？

患者：我不想活命啦。

医生：不想活命啦？为什么不想活命啦？治得好好的，为什么不想活命啦？你家里的儿子女儿还等着你回家呢！

患者：没有太大希望了。

医生：没有太大希望了？你怎么知道没有希望呢？你这头上包好没好一些了？好没好一些，头上这包。

患者：好一些了。

医生：这个好一些了是吧，确实小很多了。我跟你说，今天早上我们还跟你家人打了电话呢，他们说他们还等着你回家，盼着你跟他们团圆呢。你不能这么想，活得没意思。这个病治得好的，又不是治不好的。这需要时间嘛，**好不好**？要坚持啊，听到没？**好不好**？咱们都要好好活着。

患者：好的好的。

医生：我们都这么努力，想尽快给你治好。

患者：好的好的。

医生：你自己可千万别想不开了。

在这个医患谈话中，医生亲切地称这位高龄患者为"爹爹"，运用这种亲属称谓建构了患者亲属的身份，因为这些新冠患者被隔离起来，没有亲人在身边容易感到孤单。医生为了慰藉这位老人,拉近与患者的心理距离,就亲切地称之为"爹爹"。同时,医生在询问病人病情的时候,使用了大量的疑问语气词"啊"和"啦",通过使用这种带有强烈个人情感的语气词,表现医生对患者病情的关心和急切的心情,有助于增加患者对医生的信任,同时建构起患者朋友的身份。除此之外,医生还在给患者提建议的时候,在句末使用了附加标记语"好不好",表明医生是以一种平等的身份与患者进行沟通协商,建构了患者同伴的身份,从而有助于构建和谐的医患关系。

我们看到,与以往医患之间广泛存在的权势关系不同,在金银潭医院抗击新型冠状病毒疫情的医生在与新冠患者进行交流互动的时候,构建的更多是一种患者亲属的身份。医生通过改变自己对患者的称呼语,亲切地称呼年纪大的患者为"爹爹""婆婆"和"阿姨"等,拉近了与患者的心理距离。因为新冠肺炎是一种传染病,患者必须接受隔离,没有家人在身边陪伴,也可能患者的家属也被隔离了,所以患者容易变得焦虑和悲伤。新冠疫情下的医生改变了以往在医患会话中的权势者身份,转而通过亲属类的称呼语建构自己的患者亲属身份,像家人一样亲切地陪伴和照顾患者,给患者带来很多慰藉,构建了亲密和谐的医患关系。同时,医生还在询问中使用大量的语气词"啊"和"啦"来缓和句子语气,这些带有强烈个人情感的语气词表达了对患者病情的关心和急切的心情,建构起患者朋友的身份,让患者感受到了医生对他们的关心,同样拉近了医患距离。医生在与患者沟通的时候还使用了很多附加标记语,比如"好不好",凸显医生对患者意见的尊重。医生没有强迫患者遵从自己的意见,而是与患者进行协商,建构与患者平等的同伴身份,这有助于构建和谐的医患关系。

通过对这个特定案例的话语分析我们可知,在此次抗击新冠疫情的征程中,由于患者被隔离,没有亲属的陪伴,医生改变了以往的权势身份,通过称呼语、语气词和附加标记语构建了患者的亲属、朋友和同伴的身份,用心陪伴和照顾患者,构建了和谐亲密的医患关系,和全中国人民共同打赢了这场疫情防控阻击战。

2.7 话语建构的医生身份、医患关系和医学知识

通过前几节的分析可知,话语分析在研究医生的身份建构时,从医患双方

的互动入手,不仅关注医生自身的身份建构,还关注患者在医生的身份建构中的重要作用。而且,话语分析视角下的医患会话建构的是动态和多重的医生身份,医生在特定语境下会修改和重构自己的身份,医生不单是医学专家和权势者,还会运用协作话轮和话语标记语构建出患者病痛的理解者、同情者和帮助者的动态身份。医生还会通过多种语气词的使用构建出医患会话主导者、信息主要索取者以及儿童、老人患者的同伴和朋友等多重身份。

在医学知识的建构方面,在话语分析的视角下,医学知识不只是医生关于疾病、药品和医学技术的个人认识和经验,与患者无关,医学知识也不只是相对静态的,或者是可以储存在数据库中并通过可视化的方式呈现出来的。会话分析认为医生在给病人提出治疗建议的时候往往会通过专业术语、情态词和附加标记语来与患者共同构建医学知识,而病人则通过顺应、拒绝和挑战的方式来与医生协商知识的构建。医生还会根据患者的文化水平选择不同的表达方式来跟患者解释和沟通,因此医学知识是通过医生与患者之间的互动共同建构出来的动态知识。

关于医患关系的研究,话语分析的学者不是从制度层面和社会层面关注医疗体制、医生、医院和媒体对医患关系的影响,不再认为医患关系是一种相对静态的关系。会话分析是从医患双方的互动入手研究医患关系的建构,认为医生采用一般疑问句疑问型和合作型打断更有助于构建良好的医患关系。医生在特定的情境下还可以通过改变称呼语来拉近与患者的心理距离,构建和谐的医患关系。因此,就医场所的活动是特定的语境下,医生和患者通过互动共同建构出来的动态关系。对新冠疫情纪录片《生死金银潭》中的会话片段的分析让我们清楚地看到,疫情期间医生的新型身份建构和和谐医患关系的建构。我们可以这样说,话语分析关注交际双方的作用以及动态建构的优势,揭示话语分析在呈现就医场所中的身份、关系和知识建构时的重要意义和作用,也为话语分析在更多其他的机构话语中的运用指明了方向。

第三章 课堂教学中的教师身份建构
——教师亲和力研究

3.1 引言

在有关教学行为的研究中,课堂活动往往受到大量关注。课堂活动产生于课堂环境下的师生或生生互动,既是课堂目标,也是达成目标的方式,凝聚着教师的语言水平、信念、认知结构和经验知识,也反映着课堂内师生和生生的互动情况以及学生的语言学习过程(徐锦芬、龙在波 2020)。国外对课堂活动的研究始于 20 世纪 50 年代,早期的研究主要是分析教师话语类型,对其进行功能描写,并提出理想的话语模式,以达到改进课堂教学的目的。20 世纪 80 年代以后,随着人文学科的社会转向和社会语境的多元化,教学话语的研究也从功能分类和建模转向社会语言学、文化人类学的思考。关于教学话语的主要功能之一——传授知识的研究也随之发生了很大转变,教学话语在认知建构、语码转换、社会化等社会建构方面的作用逐渐成为研究热点。

然而,对教学话语在专业知识再语境化过程中的编码方式、知识语码的控制和传递如何影响学习者对知识的情感认同,以及教师亲和力如何体现等方面的理论探讨较少。学科教学的目标不仅仅是培养辨识、表征知识的能力,更为重要的是培养对学科知识的态度。在我国,教学的情感目标培养已经逐渐引起了教育界的重视。课堂教学活动如何体现对知识的本体论的理解,如何表征教师所特有的亲和力特征,以帮助教师积极介入知识构建,从而使知识具有对话性、参与性和情感性特征等正逐渐成为重要的课堂活动研究领域。与此同时,"身份是个人与环境互动中多样化、动态化的实体"的建构观已逐渐成为共识(兰良平、韩刚 2013;董平荣 2009)。建构观下的课堂教师身份的研究可以帮助师生更好地了解课堂活动组织和交际的过程,保持课堂的机构性质的同时增加课堂的多元性。因此,对课堂活动中教师话语亲和力的研究等探讨显得尤为重要。

笔者拟重新界定教学话语亲和力的概念,分析知识传递过程中的内在话语建构机制,结合人际意义研究的评价理论和会话分析方法,探索课堂教师话语亲和力的分析框架,并将分析一段课堂实录,对教师亲和力话语进行语篇分析,阐释教师如何建构其亲和力身份。

3.2 课堂话语中的教师身份研究

课堂教学离不开对教师身份的研究,西方的教师身份研究最早出现在20世纪50年代,当时的研究认为教师的权力来自不同的角色(Grambs 1957),例如作为学生能力的评价者,维持课堂秩序和规则的人,能够营造课堂道德气氛的人,等等。大量的教师身份研究则是在20世纪80年代后涌现的,其热度至今未曾消减。国内的教师身份研究基本上在21世纪才出现,如曲正伟(2007)、李茂森(2009)、刘熠(2011)等。

Beijaard et al.(2004)对1998—2000年的研究成果进行统计后,将教师身份研究归纳为:

(1) 身份建构的动态性和可持续性

教师身份建构是一个将个体身份和职业身份逐渐融合一致的过程(Goodson & Cole 1994),此过程一直不会停止,因此身份不是固定、静态的,而是动态和复杂的。这些研究通过聚焦新教师、实习教师话语中的主要身份和观念的转变,分析教师身份观的确立和发展。

(2) 语境对理解教师身份的影响(Goodson & Cole 1994;Samuel & Stephens 2000)

研究影响教师身份形成的各种因素,例如学生时代对教师形象的认知、文化和传统、学校的政策、家长的期望等。

(3) 教师在寻求个人发展过程中的主观能动性(Samuel & Stephens 2000)

对教师在寻求个人发展过程中的主观能动性的研究主要分析个体与社会机构之间的张力,探讨新教师如何应对来自不同领域的相互冲突的观念、期望、要求,如何做出调整、达到平衡。

这些研究从教师的自我反思、观念的冲突和妥协、外在环境和自我意识的对抗等出发,聚焦教师身份的动态、发展、可协商性,分析教师个体和集体身份的发展过程和制约因素。研究方法多为问卷、叙事分析。

同时,教师身份在有关课堂秩序和权力关系的文献中也得到反映。Bernstein(1990)认为,秩序、关系、身份是先于教学而存在的,在课堂环境下,必须首先确定师生身份、关系,才能开始教学。Heritage(1997:161)认为,课堂与所有其他社会生活一样,有"明确的道德和机构秩序,构成了一整套复杂的、与面子和个体身份相连的互动权力和责任"。

课堂话语研究者们对机构秩序的社会层面如何在微观互动中得到反映感兴趣,因此聚焦教学事件的结构、教师话轮的数量和长短(Rymes 2009),并认为教师对话语权的控制反映了教师的机构身份和话语霸权地位。

这些研究从多个层面加深了我们对教师身份的理解,然而在浩瀚的文献中,很少有从教师的实际课堂话语入手分析教师身份话语的。我们认为,对教师的课堂话语进行分析,能够再现被研究者们忽视的日常教学中的细节,而正是这些微观话语构建了教师的身份和角色,建立了教学秩序,教师的机构身份因此能够从象征层面转移到社会权力的层面(Manke 1997),这是传统的研究方法,即问卷、访谈、叙事等方法所不能揭示的。

笔者认为,身份既不是完全固定的,它是社会结构的产物,亦不完全是人们行为的产物。通过分析机构身份和话语角色的动态话语构建,我们看到稳定的身份来源和社会结构关系的影响,也看到个体的能动作用。教师凭借教育机构授权、拥有专业知识这一稀有的社会资源,可以合法地控制课堂人际关系和教学过程,但是教师也可以选择放弃这一身份,改变支配的地位,建立与学生平等交流的互动语境。学科教学的目标不仅仅是培养辨识、表征知识的能力,更为重要的是培养对学科知识的态度。建构观下的课堂会话身份的研究可以帮助师生更好地了解课堂活动组织和交际的过程,在保持课堂的机构性质的同时增加课堂的多元性。因此,教师课堂话语亲和力的研究显得尤为重要。

3.3 课堂活动中的教师亲和力研究

3.3.1 教师亲和力的定义

过去 50 年的亲和力研究基本确立了亲和力对于人际关系的积极影响。在教师亲和力研究方面,人们从言语和非言语两方面探讨了亲和力对改进师生关系、教学效果的积极作用。但是已有研究主要把亲和力当成影响人际交往的一个变量,缺乏课堂教师话语亲和力研究的深度。

Mehrabian(1971:1)在亲和力研究方面的权威著作《无声的信息》(*Silent Messages*)中最早提出了"亲和力原则"(principle of immediacy):"人们被自己喜欢、评价高的人和物所吸引;他们避开那些自己不喜欢、评价低的人和物。"他认为"亲和力通过各种表示亲近或者躲避的方式表现出来。……当我们听到吸引我们的话,我们可能提问或者俯身靠近表示'接近';当我们听到不感兴趣、不赞同的言论,我们可能保持沉默,或者拉开与说话者的距离表示躲避"(Mehrabian 1971:2)。反过来说,那些喜欢我们,或者希望向我们示好的人会对我们表示亲和,使我们对他们产生积极的情感反应。

Mehrabian(1971)对亲和力,尤其是非言语亲和力的表现方式进行了深入描写,然而他并未提出有关亲和力的定义。教师亲和力研究方面的先驱Andersen(1979)将非言语亲和力定义为"能够传递支持的情感,产生吸引力"的行为。而"亲和力就是我们在与我们喜欢的人相处时积极情感的自然表现"。

3.3.2 教师亲和力的研究回顾

教师亲和力研究主要分为非言语亲和力研究和言语亲和力研究,前者研究颇丰,而后者迄今鲜有人触及。

就非言语亲和力而言,亲和力最早是作为一般人际交流中的一个概念来研究的。教师亲和力的研究基本上参照一般人际交流研究总结出来的非言语亲和力特征,在课堂上查找相对应的表现方式,及其对学生认知和情感的影响。Andersen(1979)认为,教师的非言语亲和力包括以下这些方面:

(1)与学生保持目光交流;
(2)放松的站姿;
(3)经常在教室各处走动而不是站在黑板前;
(4)微笑;
(5)声音富有表现力;
(6)手势语丰富。

还有一些研究者设计了非言语亲和力量表,帮助人们更加系统地分析教师的亲和力行为。大量研究显示,教师的非言语亲和力与学生的认知和情感密切相关,有亲和力的教师更受学生喜爱。

与教师非言语亲和力的大量研究相比,言语亲和力显得缺乏关注。这与沟通领域本身缺乏系统、持续的话语亲和力研究,而且缺乏话语研究方法有关。有些研究者(例如 Gorham,1988)试图复制 Mehrabian(1971)的"亲近-疏远"的言语亲和力概念,以及对一些言语亲和力特征的描述(如包含性的"我们",而不是单方面的"我""你"),将此与教师的总体亲和力和教学优秀程度、教师非言语亲和力指数等相结合。然而,Gorham 的研究遭到一些学者的质疑(Robinson & Richmond 1995),他们认为有些表达(如用"我的班级"称呼该班)并不能代表教师总体的言语亲和力。Motte & Richmond(1998)试图开发言语亲和力量表,但是没有成功。最终,他们认为,亲和力只是一个非言语亲和力概念(construct)。他们的结论是:言语亲和力表现方式浩瀚,可能不值得研究者继续花费精力。

由于研究者们无法将言语亲和力确立为一个公认的概念,也没有指导性的理论框架,因此,直至目前,有关教师言语亲和力的研究数量非常有限,学界对这方面缺乏足够的认识,现有的研究也亟须深入。

3.4 教师亲和力身份的话语分析框架建设

教学是一种社会行为,知识是社会构建的结果,对知识的情感认同是知识的社会性中不可分割的一部分。由于教学话语是编码、传递知识的核心和动态的媒介,因此,影响知识情感认同的基本途径是教师采用富有知识亲和力的话语形态。作为学科知识构建的重要手段,教学话语将其他语境下的专业话语选择性地再编码,进行语境重构,以适合课堂语境下的传递和习得。在这一过程中,教学话语体现了学科知识的独特性、与学生知识的对接以及教师对学科知识价值的独特理解。

3.4.1 评价理论:人际意义的评价系统

评价系统(appraisal system)(Martin & White 2005)是用来描写语义层的人际资源的有效工具。评价系统在话语中实行评价,同时又在与其他声音的谈判中进行选择。系统在三个子系统中同时选择:态度(attitude)、级差(graduation)和介入(engagement)。态度系统包括三个子系统:情感,即感觉和情绪;判断,用于对符号对象或自然现象的评价;鉴赏,用于对人的性格和行为道德的评价。这些评价可以是积极的,也可以是消极的。级差系统是对态度介入程度的分级资源,包括语势(force)和聚焦(focus)两个子系统。语势调节可分级的态度范畴的力度(volume)，如是强势(raise)还是弱势(lower)，如：He felt a burst of anguish 和 He felt a little bit unpleasant，其中 anguish 表示语势中的强势，而 unpleasant 表示弱势。聚焦是把不能分级的态度范畴分级，如锐化(sharpen)和模糊(soften)，如：The government does not support an official national apology 和 We have not met for some twenty years 中，前者 official 属于聚焦子系统中的锐化，而 some 属于模糊。介入系统是指说话人(语言使用者)对其所言所持的态度、观点和立场：主观的/主体的，或客观的/主体间的，或中立的。这些态度、观点和立场的鲜明与否直接影响或控制对话者的不同声音(Martin & White 2005)。

评价系统是一个多维的框架，主要分析价值观的表达、表达强度的掌控、表达声音的介入等。在教学话语中，教师使用各种评价资源对教学目标、教学内容进行评价，还可以对自己的教学理念、学生的学习状态等进行评价。笔者认为，评价资源的运用方式可以对教师的管理、教学、互动话语亲和力产生影响。

3.4.2 课堂教师话语亲和力的分析框架

笔者认为，要建构教师话语亲和力，需要构建全新的话语分析理论框架，这样才能更好地理解话语的亲和力特征。现有的教学话语理论对教学话语的功能进行了论述，但是对教学话语中另外一种重要的话语类型——教师在师生互动中做出反馈的话语却没有涉及。而在具体课堂活动中，这种话语类型是多次出现的。如，教师对学生的口头和笔头的表达进行反馈时，会使用回应、重复等反应语符，提问、鼓励等话语延续标记，以及赞扬、肯定、否定等话语的评价功能。

互动反馈话语并不完全被管理话语投射。从话语类型上看，它并不是从教师话轮的内部生发的，而是在会话序列中对前一学生话轮的回应和评价。作为会话序列中的话轮之一，教师的反馈话语受制于前一话轮的内容和应对规则，受制于当下的语境，因此在本质上有别于由教师控制的管理话语和知识传授话语。从它实现的功能看，互动反馈话语更多地体现了师生关系的重建方式，体现了教师对学生认知和情感的即时理解和反应，更加集中地体现了教师的亲和力。

课堂上师生互动的方式多样，教师反馈方式也多种多样。因此，互动反馈话语在结构和功能上不同于管理话语，也不同于知识传授话语，它一方面与课程总体目标相关，另一方面涉及对学生的认知、情感、态度的即时评价。由于评价处于语言的人际层面，可以划分等级，可以区分好与坏、对与错，因此反馈话语体现了教师对于话语的人际意义的理解，能够很好地体现教师的亲和力策略。

本章试图将教学话语的功能和结构分析相结合，讨论课堂活动中的教学话语形式如何构建教师亲和力，而不仅仅是讨论教学话语的功能，因此为了更加完整地体现课堂教学活动中话语的结构，更全面地覆盖本研究的语料，笔者认为，课堂教学话语应该从三方面加以考察：管理话语、知识传授话语和互动反馈话语，见图3.1。

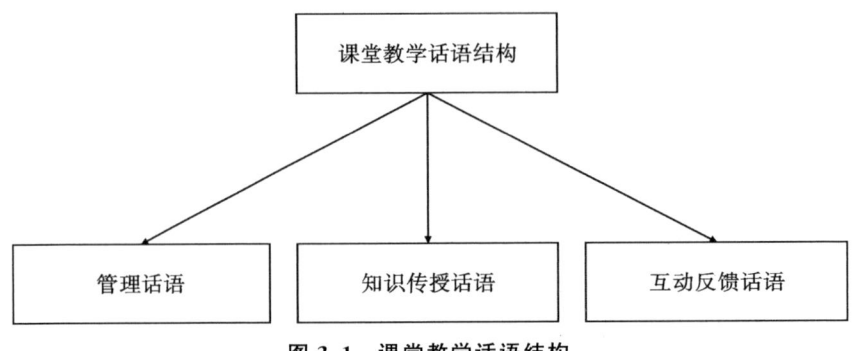

图 3.1　课堂教学话语结构

运用 Martin & White(2005)的评价系统，会话分析中的话轮、序列、机构性会话等概念，以及批评话语分析对知识和权威的构建等理论基础，我们构建了课堂教学话语整体结构下各个部分的分析框架，如图3.2。

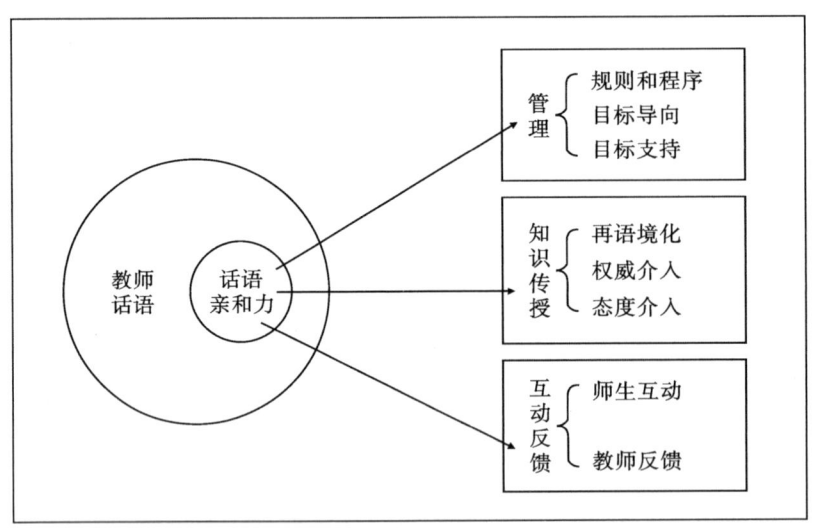

图 3.2　教师课堂话语亲和力分析框架

最后，本章提出教师的亲和力是受其宏观意识形态影响的，教师如何看待知识本体论、自己的身份地位，以及师生关系，是决定话语亲和力资源选择的根本原因。语言是社会符号,是语义潜势(Halliday,1994),不同水平的亲和力是对语义资源中人际意义不同选择的结果。因此笔者提出,教师的意识形态影响亲和力,教师的亲和力通过话语被表达,并被学生感受,由此影响到教学话语和师生关系,如图3.3所示。

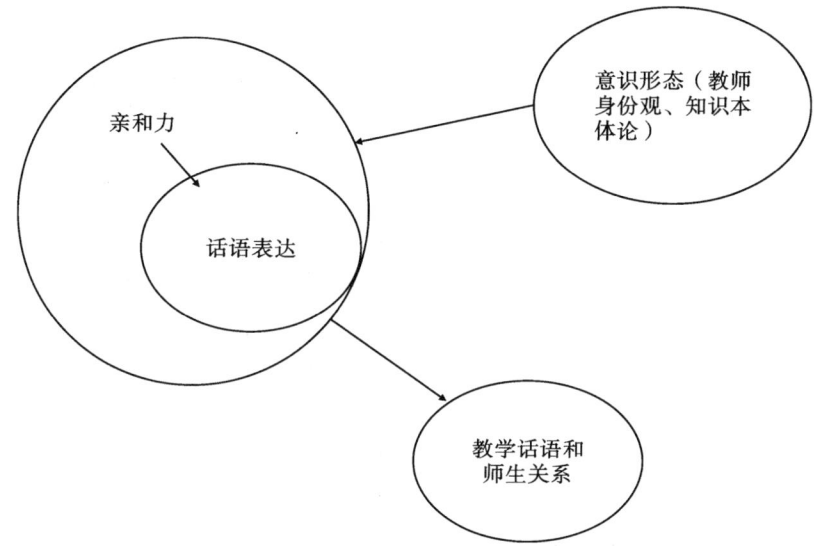

图3.3 教师身份观、教师话语亲和力与师生关系的结构图

基于上述分析,笔者提出了教师亲和力的整体话语分析框架,如图3.4。

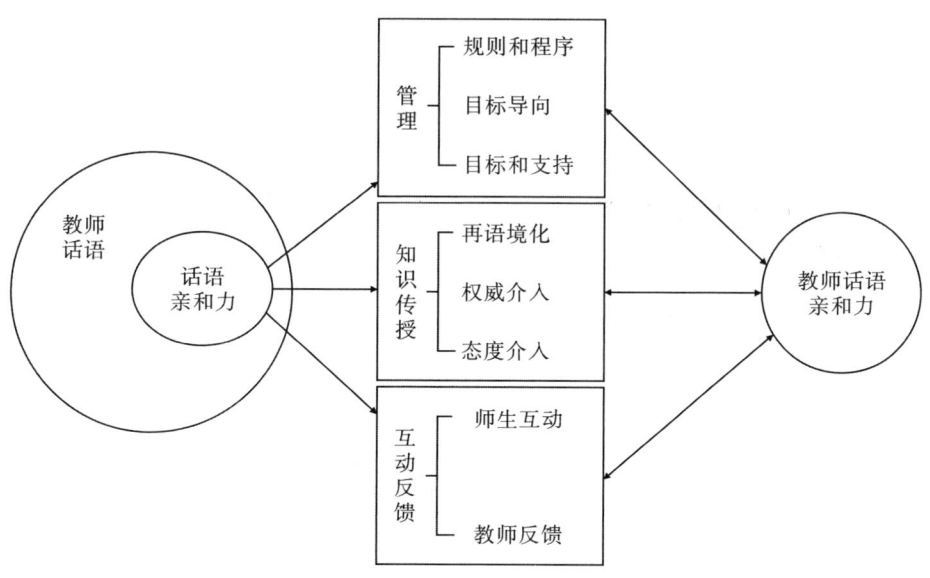

图3.4 课堂教师话语亲和力分析框架

笔者认为,教师的话语亲和力是整体教学话语的一部分,在管理、知识传授和互动反馈过程中得到具体话语表征。教师总体的话语亲和力水平为这三大教学话语亲和力水平之总和。而影响教师话语亲和力的主要因素为教师的教学观、身份观等意识形态。

3.5 课堂活动中教师亲和力话语建构的实例分析

下面是国内某高校一堂读写课的部分课堂活动的转写。限于篇幅,只选取了新课导入部分中的一段。教师在导入新知识时采用了多种具有亲和力的话语手段。

教师:好,我们来看几个词,或者可以说是表现一个人或者一位很有影响力的历史人物特征的三个词。第一个词是:"武士"。有哪位同学知道"武士"的意思?

多名学生:

学生B:有经验的战士。

教师:嗯,有经验的、勇敢的战士。尤其在战争年代,对吗?好。那么,当你们看到这个词的时候,你脑子里想到的是谁?任何人,比如中国的。

学生C:李广。

教师:李广,啊!李广是你首先想到的"武士",为什么?

学生C:他擅长射击。

教师:他擅长……?

学生C:射击。

教师:射击,嗯?李广?他是哪个年代的?

多名学生:汉代。

教师:汉代,著名人物。他是个将军对吗?还有其他著名的武士吗?

学生B:岳飞。

教师:岳飞,嗯,岳飞是一个武士,为什么?

学生B:他是战士,而且他很聪明。

教师:哦,很聪明!他也是将军,是领袖。(点名请一位同学回答)×

××,你说。

学生 D:斯巴达。

教师:斯巴达,非常有意思! 你为什么说斯巴达?

学生 D:每一个斯巴达人都不怕任何东西。

教师:好,非常好! 你看过那部电影对吧? 每一个斯巴达人都不怕任何东西。

(教师接着请学生举出"军事天才""独裁者"的例子)

教师:我们很难想象,一个人能够同时拥有那么多特征! 历史上确实有这样一位有影响力的人,他集中了这三种特征。他就是我们今天要讨论的人物,对我们当中很多人来说,这可能是一个陌生的名字。

首先,在这段对话中,教师通过"好,我们来看几个词……"开启了教学活动,教师向学生传递了接下来的教学活动的指令。例中,教师对接下去要做的活动发布了具体指令。对教学目标用目的、程序和规范的方式进行描述,凸显目标的稳定性和未来的计划性,是机构正常运作的一种保证。在学校这个机构性组织中,管理话语作为机构权威的体现,在长期的教学实践中,对课堂的集体规范和教学目标具有导向作用。在我们的语料中,管理话语在课堂中占有很大比例。同时,教师在陈述目标时,使用"我们"可以表示将该目标理解为师生共同的目标,而不是分离的目标,能够增加师生间的合作和团结。教师使用将学生视为具有共同目标的教育团体中的一员的策略,以激发学生参与行动。分析本研究的语料也可以发现,这一策略不仅将学生包含到教育目标中来,更表示教师愿意与学生一起参与活动,体现了隐性的教师亲和力。

教师试图连接本地语境与课本中的语境,不是从去语境化的课本开始讲解,而是将学生已有的知识结构置于中心,通过有关"武士、军事天才、独裁者"的头脑风暴,构建了与课本中另一个国家的历史人物的连接。教师最后的总结句"历史上确实有这样一位有影响力的人,他集中了这三种特征",不仅明确地将学生知识结构与课本语境连接起来,表明新信息不是孤立的存在,还认可了与此相连的学生的知识,将其评价为具有价值的信息,所以即将学习的新知识的价值也可以被期待,与新知识相关的学习行为也因此具有了价值。

教师有意识地使用了减弱教师权威地位、鼓励知识互动的话语方式。比如,鼓励学生表达,重复学生的表达,继续提问(为什么),延续学生话语(还有其他的……),等等。对学生的回答,教师经常表现出赞许(非常有意思、非常好),避免使用绝对的表达,而使用低情态结构表示对学生知识的猜测(这可能是),减弱了教师话语的权威语气,拉近与学生的距离。在这个片段中,教师使用了四次"我们",表示当前的认知活动是师生合作进行的。师生话语多次重叠显示出自然对话的互动构建。人称在"我们""你们""你"之间交替,师生持续互动,容纳了各种声音,尤其是通过重复突出了学生的声音,表示教师对学生所掌握的知识有浓厚兴趣。

在对新知识进行话语评价时,教师使用了较高级差的评价、鉴赏词汇("很有影响力的""难以想象""如此多特征""著名")和积极评价("每一个斯巴达人都不怕任何东西"等),并重复学生的评价类词汇("勇敢""有经验""聪明""不怕")。从鉴赏资源的使用方式可以发现,教师的话语资源体现在影响力、质量、构成等美学范畴,并且加以级差以提高其冲击程度。比较不同亲和力的教师可以发现,在具有高亲和力的教师话语中,教师使用了大量鉴赏资源,知识在他们的话语中显得丰富、饱满、有趣味、有意义,通过正面鉴赏资源,构建了优秀的知识结构、质量,给所讲授的知识带来更高的价值和影响力。这样的资源运用使学生感受到知识的价值,认同所学习的内容,也因此认可教师的教学安排和教学方法。在元评价阶段("历史上确实有这样一位有影响力的人,他集中了这三种特征"),发挥了词汇本身的情感和评价作用,加上着重语气、发声拉长等语音特征,展示其丰富内涵,传递情感的高投入,激起学生对某个历史人物的好奇,知识亲和力的本地合作构建非常成功。评价表达的叠加具有累积的增强效果,教师的话语在学生中建立了对新知识的积极情感期待。通过对学生和其他教师的采访,本研究已证实该教师被公认为在教学中具有很强的亲和力。

3.6 教师亲和力身份的话语建构

大部分话语参与者对自己语言的意识形态这一宏观结构的含义是无意识的(Eggins & Slade 1997:61)。然而,这些意识形态却成功地主宰着我们的自然话语,构建我们的身份,影响着我们的教学话语和师生关系,构建或者毁坏了我们的亲和力,而我们却没有意识到自然话语行为的力量。

在微观层面,具有亲和力的教师互动积极、多样,他们对学生的评价反馈话轮表现出兴趣和理解。他们能够定位学生的优点并进行积极评价,且评价资源丰富,呈韵律式地大量分布在语篇中。对需要负面评价的错误,他们也会使用各种维护学生面子的方式,弱化批评,将错误限定在任务范围,而不是扩展到社会尊重和许可上。亲和力低的教师尽管也会使用积极评价,但是使用的频率大大少于亲和力高的教师,积极评价的资源也远不如他们丰富。他们有时会使用判断类资源,将错误的责任归咎于学生的学习态度或者智力。还有些亲和力低的教师与学生的共享领域少,难以开启持续的互动,反馈不能体现对学生话题的兴趣和对学生行为的理解,不善于借助积极评价手段赞同学生或者鼓励学生参与。

在人际关系中身份首先是一种象征,而且是在不同的象征性含义中选择的结果。教师可以选择认同、拒绝某种象征,或者部分认同或部分拒绝,这是一个不断定位、不断审视适合自己的意识形态的探究过程。当教师认为通过认同机构身份,能够显示自己的价值,得到更多的尊重和资源,便会选择教师的机构身份。然而,机构身份隐含着对于对方缺乏兴趣,与对方拉开距离的提示。以机构身份作为教师的主要身份,就可能遏制其他话语角色,强调教师的知识和管理权威的作用,强化师生差异。

语言在身份和角色构建中起着核心作用。身份是通过话语资源的选择具体化的,身份的建构是可以借助话语资源积极、公开完成的(Tse & Hyland 2009)。Gee(2008)认为,"我们是通过不同的社会语言来执行、识别不同的社会语境下的身份的"。在论及话语在构建权势关系的作用时,Gee写道:

> 没有语篇和言语的交流,社会中的权势很难执行、很难被合法化。权势的维持机制以知识、信念、意识形态为前提,而话语能够在社会各个阶层、各个领域、各种语境下结构性地再现和传递这些维持和复制的条件。(Gee 2008:64)

由于语言能够影响、反映社会特征,对语言细节的关注可产生其他方法所不具备的洞察力。本章以系统功能语法和批评话语分析为理论基础,以话语分析为方法,再现身份和角色的话语表征。笔者认为,身份较为持续、稳定的部分,以及动态的部分都是话语构建的结果。对课堂上教师权威身份的话语分析,可以在较长的教师自然话语段中,发现教师对自己身份的理解是如何渗透在语言中的。通过这样的分析,可以看出教师在构建身份时运用了什么资源,资源多少、强度如何,涉及了哪些身份类型等,并发现哪些话语构建方式影响到了师生身份关系,话语构建为何成功或失效,多重身份如何和谐并存,等等。

3.7 亲和力研究展望

　　亲和力这个切入点在话语研究中是一个薄弱环节,而亲和力话语研究在课堂乃至教师话语研究中更是一直处于被忽视的状态。关于教师话语,大多数研究者关心的是专业知识如何按照学科的既定方式有效地传递,情感似乎是不涉及教师身份与知识构建的;教师的亲和力表达似乎是一种自然状态,不加修饰,没有自我意识。人们对其表现方式、影响因素缺乏关注,对其在教学话语中的作用更是没有重视起来。但是如果我们将注意力转向知识的课堂话语构建,我们会发现教师亲和力在其身份构建中的显著作用。

　　本章认为,课堂除了有关知识的学习活动之外,始终存在着师生间的人际关系。这些关系不是可有可无的,它们是对教学行为产生影响的情感上的体验。教师带到课堂的不仅仅是教学计划、学习材料,他们还带来了对于什么是恰当的教师行为和师生关系的观念,带来了他们对知识的本体论认识。在富有亲和力的教师话语中,研究发现师生的关系更加平等,互动渠道更加畅通,知识的传递方式更契合学生的认知和情感需求。

　　不可否认,现代社会对中国教师的传统身份产生了巨大影响。平等、价值多元化使得学生对教师的角色期待也发生了变化,对教师的传统权威发起了挑战。此外,当今的互联网时代,为更多人提供了可以平等享有信息的权利,许多传统的知识很快过时,教师不能再垄断知识。在越来越强调平等的社会,如果保持固定的、传统的教师身份,即认为师生有社会等级之分,知识有等级之分,就是将自己排斥在潮流之外,与潮流相对立。了解教师的身份、地位所含的权威,又了解现代社会的变化和学生的需求,改变单一的身份立场,采用更多的平等的话语角色,才能增加与学生的对话空间,才能建立师生平等的关系语境,才能充分施展教师的亲和力。

第四章 工作场合中性别身份、性别关系和知识的建构

4.1 引言

工作场合对于分析其中成员的社会身份、关系和知识建构研究意义重大(Thornborrow 2002),组织机构的"迷你文化"(Aaltio & Mills 2002:4)给身份、关系和知识建构提供了资源和场所(Jenkins 1996:134),工作场合对参与者进行分类,赋予其社会角色和特定意义,相互之间产生错综复杂的关系,管理层制定的行业规则也建构了行业知识。这些错综复杂的活动和关系每天都在从业者之间展开,个体不断协商和改变其自身社会身份和他人社会身份,面对不同人群,同一个体要在不同语境下建构上级、下级、同事、种族、性别、语言、阶级等方面的关系,员工招聘和企业会议等不同场合涉及的行业知识也有差别。本研究选择性别作为参数,从企业工作场合中不同个体的话语分析出发,与社会认知的相关学科的相关研究进行对比,具体探讨话语如何建构工作场合中的性别身份、性别关系和知识。

4.2 社会认知视角下工作场合中性别的研究

工作场合的性别研究由来已久,一个常见的切入视角是对工作场合中的男女进行访谈,从而探索性别的社会化进程以及社会对男女期待的差异性。虽然性别和领导力之间的关系已经发生变化,但是总体上和20世纪90年代比变化不大,如女性领导者强调要考虑员工利益,认为自己能提升团队能力,并且善于处理人际关系,男性领导者则看重组织效率,他们能看到任务所在以

及推进计划和思路开展的必要性(Nicolson et al. 2011)。也有学者(Fairhurst 2008)研究女性领导者对传统女性身份的关注,发现女性领导者试图通过对管理环境的适应来使其女性特点不再那么明显。但毋庸置疑,女性在企业中仍然处于劣势地位,大家对成功女性的要求过多(Smith 1978)。而由于人们习惯于将男性与权威和领导者联系在一起,文献中鲜见对于工作场合中男性的研究,往往更多地考察女性的职业社会化进程(Smith 1978; Witz 1992; Collison & Hearn 1994; Burton 1991)。全职工作和职业生涯成了社会对男性的普遍期望,失业和退休等被认为会对男性心理健康产生影响,另外,也有研究(Ehrenreich 1983)将男性与养育妻儿的责任联系起来。

此外,较多的文献侧重研究工作场合中性别的不平等和权势差异以及这种社会现象的变化趋势。就男女的社会分工而言,20世纪英国出现性别分化,通过对比男性和女性在不同层次行业中的分工,有研究发现在1900到1980年间,性别分工没有太大的变化。但另一些学者不赞同这种认为性别分工具有稳定性的看法,研究发现自从20世纪80年代以来,性别分工的程度有所减弱(Hakim 1979,1992; Mallier & Rosser 1987; Walby 1997)。女性随着教育水平的提升,开始越来越多步入男性主导的工作领域(Crompton & Sanderson 1990; Walby 1997)。Neumark(2019)等学者关注企业中男性和女性领导者之间的差别。有研究表明,当女性领导者身份出现杂合性(见3.2节)时,其受到的压迫和偏见也会增多,如对其年龄、种族、性别等的抨击。

双重身份的研究关注工作场合中涉及领导者职业身份和性别身份的二重交叠(Cameron & Kulick 2003:58)。领导力研究发现即便男性和女性领导者采用同样的策略,女性领导者在构建领导力时也会面临更多挑战(Eagly & Carli 2003)。性别区别理论(Tannen 1994; Coates 1995)方面的研究发现女性领导者喜欢的管理模式和转变型话语(transformational discourse)密切联系,以及组织机构应该鼓励支持这种话语模式。

4.3　工作场合话语中领导者性别身份建构

通过工作场合发生的话语来研究语言与性别之间的关系始于20世纪90年代,多数研究关注工作场合中性别不平等的社会问题,语言分析所起的作用则是评估、修正这些社会和政治问题(West 1990; Cameron 2000; Holmes

2006;Mullany 2007;Baxter 2011)。另外,这里也涉及对社会性别与生理性别之间差别的阐释,社会性别不能简单地通过生理构造来判定,而是由社会和文化的期望和实践造就的。与传统性别研究注重静态的、一致的二元男女性别区分不同,社会建构主义强调性别研究的流动性,反对将领导者只分为生理性别上的男性和女性,而将生理性别与典型的性别话语策略联系起来,即男女领导者均可能采用男性话语策略和女性话语策略。典型的男性话语策略包括挑战型幽默、表达简洁、强硬等,典型的女性话语策略则包括闲谈、合作型幽默、表达细致、温和等(Holmes 2000,2006;Mullany 2004,2007;Baxter 2008:210;Baxter & Al-A'ali 2014)。下文我们将以工作场合中的女性领导者为例来探讨其双重身份建构和多重身份建构。

4.3.1 工作场合中女性领导者的双重身份建构

工作场合中的女性领导者身份可以分为双重身份和多重身份。双重身份是指工作场合话语中涉及领导者职业身份和性别身份的二重交叠及身份转移。当然,企业中的性别身份趋于中立,转变型话语也不局限于传统研究中女性领导者的语言特征,男性领导者也会从"业务价值"(transactional value)向转变型策略转变(Cameron 2000),这也逐渐成为企业文化的一部分(Kendall & Tannen 1997;Koller 2004;Marra et al. 2006;Mullany 2004),女性领导者也面临着双重标准——女性的领导者身份和性别身份的冲突(Holmes & Marra 2011)。无论男性领导者采用男性话语策略还是女性话语策略,都会受到表扬,但当女性领导者采用女性合作话语策略时会被认为缺乏竞争力,而采用男性权威话语策略时又被认为过于强硬(Holmes 2006;Litosseliti 2006;Mullany 2007;Cameron 1995;Kendall & Tannen 1997;Marra et al. 2006)。下属可以包容男性领导者在不同文化话语中的切换,但女性领导者呈现出女性话语特点和行为时则会被否定,同时,女性领导者往往被要求反思和调整其使用的过于强硬的"领导者语言"(leadership language),这也反过来影响女性领导者自信和权威的建立以及事业的成功(Baxter 2011;Cameron 1995)。

本章 4.3 和 4.4 节转写语料均采用如下转写标准:(Holmes 2006)

yes	下划线表示重音强调
[laughs]::	副语言开始或结束
+	停顿小于一秒
(3)	停顿具体秒数

××/××××\××	同时讲话
××//××××\××	同时讲话
××/××××\\××	同时讲话
(hello)	转写者对模糊表达的猜测
( )	听不清的词和词组
?	升调或疑问语气
—	不完整或被切断的表达
…	转写省略部分
XM/XF	无法识别性别为男性或女性
[voc]	不可转写的噪音
[comments]	括号内斜体表示编辑评论

我们具体通过实例来展开分析。下文例1是发生在由几位女性与男性共同组成的政府部门团队的某次会议上的对话。

例1
(1)Jak:he's also very popular locally as well
(2)cos he actually looks after his workforce he's /kept them\
(3)Stu:/oh right\
(4)Jak:he's kept them on payroll while there's been no stuff
(5)going through the factory he's he employs far more people than
(6)than [company name] across the ro- er
(7)Stu:no
(8)Jak:across the way he's he's got a quite high profile
(9)and he's considered to be ＋ /you know a bloody\
(10)Con:/a good chap\
(11)Stu:/a good guy\
(12)Jak:good bloke
(13)Stu:a good guy /oh okay\
(14)Jak:/and the\ Minister thinks so as well so you know
(15)/an- and\ he's quite an honourable guy
(16)Wen:/( )\
(17)Con:[quietly]:mm:

(18) Jak: he's a sort of a handshake and I trust you type guy
(19) so you know + when you've got another good bloke
(20) talking to another good bloke then you've got a
(21) [general laughter]
(22) Stu: they didn't go to the same school /did they\
(23) Jak: /us good\ blokes have gotta stick together
(24) [general laughter, buzz of sceptical noises and comments including "oh right" from more than one woman]
(25) Wen: /bloody good bloke\
(26) /[general laughter]\
(27) Jef: bet he doesn't employ many women workers
(28) [general laughter]
(29) XM: no
(30) Con: (oh) I probably wouldn't want the job /either\
(31) Jak: /it\ depends on your definition of /good bloke\
(32) /[general laughter]\ (...)
(33) /yeah no a good good\ bloke
(34) /[general laughter]\

(Holmes 2006)

幽默作为一种调节社会互动的资源，出现在朋友聊天中的频次是商业会议中的十倍，但是工作场合话语中确实存在一定数量的幽默。这种幽默的出现受多种条件制约，如活动类型、互动类型和交际双方的关系等，而性别也是一个重要的制约因素。幽默话语将工作身份和性别身份整合起来，工作场合中人们往往又将一起工作的人和模式化的性别身份联系起来，同时也强化了性别身份的模式化，即男性领导者的挑战型幽默（contestive humor）和女性领导者的合作型幽默（cooperative humor）（Holmes 2006:106-125）。但是通过对这则公司会议中幽默的话语分析，我们也看到传统模式化的性别身份受到了挑战，女性有时也会采用男性话语策略。

对话一开始，Jake 和 Stu 两位男性为后续对话奠定了基调，见(1)~(9)。Connie 同意 a good chap 的身份建构(10)，基本和(11)~(12)中的 a good guy、good bloke 同步出现，实现了话语的高度连贯和一致性。随后 Jake 继续展开对 a good bloke 身份的探讨,给 Stu 提供了展示幽默的机会。(22)中的"他们没有上同一所学校",暗指人际关系网对好男人身份建立的影响。(23)中,Jake 也对 Stu 的话表示支持,即"好男人总是一起出现",话轮开始朝着有明显性别倾向的幽默展开,也引发了一系列男性团队成员的反应:aaah、oh right、nah。而对于这一身份的讨论,Wendy 的反应则是持怀疑态度。在(27)中,性别界定更加明显,Jef 打赌"他一定没有雇佣女性员工",(30)中的 Connie 则挑战了他的话,称"我还不想去那工作呢",幽默持续到(31)的"这取决于你对好男人的定义"。伴随着众人的笑声,我们可以知道幽默的效果仍在持续。在整段对话中,幽默围绕男女对"好男人"(a good bloke)身份的定义展开,男性对其的定义偏向于可靠、忠诚等品质,并认同其基础在学校读书时就建立起来了,而参与对话的女性则对这种观点持怀疑态度,话轮中的(25)和(30)体现了当 Jake 的幽默有了明显的性别倾向时,女性的回答偏向于挑战型幽默。

4.3.2 工作场合中女性领导者的多重身份建构

多维性别身份/性别身份的杂合性(intersectionality/hybridity)指的是性别因素与其他变量的交叠,包括阶级、宗教、文化、种族等(Holmes & Marra 2011;Holmes,Marra & Vine 2011),如有研究通过分析董事会中唯一女性领导者在四种不同语境下的会议对话,发现其在男性为主导的工作环境中有四种不同的身份,即公司创立者之一、公司理念的拥护者、具有男性话语特点的领导者和在信息和沟通技术方面有专长的员工(Baxter 2006)。

Holmes & Marra(2011:331)分析了一位具有代表性的毛利女性领导者(Yvonne)在男性为主导的公司中的话语,来阐释其如何在话语中协商性别、种族和领导的杂合身份,见下文例 2。

例 2
(1) Y:yesterday I talked I had to give a presentation
(2) at the [name] conference I was invited by the Minister
(3) I felt the presentation wasn't that good
(4) because my briefing was about a two second phone
(5) [laughs] call:[laughter] and so I had no idea who was
(6) going to be at the conference and ( ) what's it about

(7)I had no programme beforehand so I was a bit um /( )\\
(8)S://is this the one\you had yesterday
(9)Y:yeah
(10)S:I loved it
(11)Y://oh did you\
(12)All:/[general laughter]\\
(13)S:I actually came home raving
(14)Y:oh that's only because I had a photo of you
(15)All:[loud burst of laughter]
(16)Y:so mm but it's just...anyway so that's me +++ next

(Holmes & Marra 2011)

这段会议对话发生在女性领导者 Yvonne 与员工进行的每月一次的例会上。Yvonne 以对自己在另一个会议上的发言的反思为开端,(3)(4)和(7)都构建了其领导身份,即她认为汇报得并不那么好、准备时间过短以及事先没有接到通知。她以贬低的口吻反思自己的表现,反映了其对领导身份的构建融合了毛利人的身份,因为毛利社会的价值观之一就是保持谦虚的作风。作者对比分析了 Yvonne(伊冯)与 Pakeha 种族(白种人,尤指祖先在欧洲的新西兰人)的领导的话语,得出上述结论,因为后者在各种公开会议中都没有表现出谦虚的态度。同时,Yvonne 的自我反思模式也与社会普遍接受的女性的模式化身份相一致,即女性的支持、合作型话语特点(Eagly & Carli 2003)。Yvonne 的同事也协同建构了其领导身份,即(8)中的同样参加上次会议的 Sheree 马上说出"就是你昨天参加的那场会议吗",当 Yvonne 表示确定之后,她马上对领导者的表现表示肯定和赞扬。在(11)中,Yvonne 追问"真的吗",将其作为一种幽默手段展开对话,同时熟练地回应道:"也许是因为我放了一张你的美照"(that's only because I had a photo of you)。这些都使话轮偏向了 Sheree 对领导者的赞美和领导者的回应。在(16)中,Yvonne 把说话机会交给下一个发言者。简言之,Yvonne 对自己作为领导者的会议表现进行反思,其作为女性和毛利人固有的谦虚态度,共同建构了其领导者、女性身份和种族身份的杂合。

4.4　工作场合中的知识建构

在工作场合中,会议是企业员工进行沟通的重要活动。会议的主要界定参数包括正式程度(formality)和目标目的(goals and purposes)。前者可以从九个维度进行考量,即规模,计划性,开始时间的确定性,结束时间的确定性,参与者的明确程度、正式程度,结构的显隐性,团体的凝聚程度和团队中成员的性别。其中性别作为维度之一,对于工作场合的话语分析至关重要,集中体现在幽默、话轮转换形式和闲谈中。会议的目的主要可以分为三种:计划型、报告型和任务导向型。而会议结构被划分为三段:介绍部分、中间发展部分和结束部分。同时,会议展开过程中需要有人来组织互动,一般由领导者来掌控,主要包括制订日程、总结进度、避免讨论偏离正轨以及做决定(Holmes & Stubbe 2015:61)。对会议的话语分析可以使我们清晰地看到会议参与者的身份和关系,同时也可以帮助我们看清楚其中的知识建构。下文例3的会话发生在某IT公司的一个会议上,其中Samuel以电话的形式在线参加会议。

例3
(1) Don: are we gonna give Samuel a call?
(2) Jill: yep yep no he's waiting in the wings he's in Adelaide
(3) Don: right /any\ problems? or +
(4) Tes: /is he\ he er—I don't I don't know they may have read it wrongly
(5) but um er Jadon Nash and Jane were over there um e- over the weekend
(6) Jill: over /where\
(7) Tes: /(in)\ in Melbourne and they were (c-)
(8) and Samuel was gonna come and see them and an'
(9) they were staying in the s- the seaforth house and they
(10) and Samuel rang and said that he had some crisis on and couldn't come
(11) and they I mean she said she thought it was ++ you know yeah
(12) and she kind of sort of frowned and sort of thought it was sort

of serious

(13) but they might I mean I don't know

(14) Samuel might of /(who knows)\

(15) Jill:/staying up\ the Barossa Valley somewhere I /don't know\

(16) Tes:/yes [laughs]\

(17) Jill:um he was off having dinner quite happily last night

(18) /when I spoke\ to him just spoke to him ten minutes ago /so\

(19) Tes:/(right)\ /right\ alright no

(20) Jill:( ) he didn't say anything I hope everything's /alright\ um ＋

(21) Tes:/yeah\

(22) Jill:I don't know

(23) Tes:no

(24) Don:do you want the computer on?

(Holmes & Stubbe 2015)

从(10)和(12)来看,这段对话更多关注看似和会议无关的个人和社会话题,即 Samuel 的幸福和危机。由于 Samuel 也要参与这个会议,所以成为大家讨论的对象。(3)中 Donald 说"有什么问题吗"是一种社会意义和业务意义的模糊地带,可能是对 Samuel 的幸福感兴趣,也有可能指的是技术问题,因为可以从下文的(24)中找到线索:"你想让电脑开着吗"。另外 Tessa 的发言充斥着模糊限制语和犹豫不决,如"可能""我的意思是""你知道""有些""我不知道"。她对 Jill 在(17)和(18)中的话的回应(19)暗示了她认为这些信息与会议相关。

这段话语中出现的闲谈(small talk)是典型的女性话语策略(Holmes 2006)。但需要指出的是,它所实现的关系超过了人际关系,因为 Tessa 的闲谈可能有多重潜在意义,我们无法确定她到底是在八卦还是警告大家,是在批评 Samuel 无法接通电话,还是揣测他是主观上不想参会。当大家从业余休闲聊到企业怎么处理员工的缺勤问题,这种谈话策略已经兼具业务意义和关系意义。关于社会问题的闲聊已经顺利融合到如何有效运转一个部门的话题中。类似的谈话经常出现在企业职工散会后,闲谈中却隐藏着业务意义。

回到会议上的知识建构本身,这则闲谈作为正式会议的开端,使正式的会议变得更加贴近社会问题,导致正式性稍有减弱。由于这种闲谈和正式会议边界上的模糊,会议正式议题开始的时间变得不确定,结构也变得更为隐性而复杂,难以区分领导者聊这些内容的真实用意。总之,当女性话语策略中典型的闲谈用于工作会议中时,会议的部分目的和结构被以知识建构的方式改变了。

另外,会议中也会经常出现意见不统一的情况。Holmes(2006)提出三种解决意见不统一的策略:避免冲突、协商和通过命令解决。而这其中涉及的性别问题不能简单地用宏观层面的男性女性的不同加以概括,男性领导者处理冲突的策略中也可能有女性领导者的特点。下文例4为某企业会议进行过程中发生冲突时的会话。

例 4
(1)Len:um + and we would need to do a verbal for this one
(2)Bel:I'm not doing it
(3)All:[laughter]
(4)Sio:[laughs] [laughs] (bags not /yeah\)
(5)Bel:/seriously\ /seriously\
(6)Len:/+ that's a\ separate question [laughs] that's a separate question
(7)but+as a general principle /+ last year we established\
(8)Bel:[laughs] I don't think (it'd) be appropriate for me to do it\
(9)Len:that any existing provider that we were in danger of dropping
(10)we did a verbal with + to ensure that they had had every opportunity ...
(11)XF:mm
(12)Aid:mm
(13)Val:/I think Iris needs to do it\
(14)Bel:/but it wouldn't be appropriate for me to do it\ would it
(15)Len:eh?
(16)Bel:it wouldn't be appropriate for me to do it /would it\
(17)Len:/it may\ well be appropriate for you to do it Belinda
(18)[general laughter]
(19)XF:[laughs] /(oh no)\

(20) Bel:/I don't think it is I can't\ I can't you know [voc] I'd be biased
(21) XF:yeah
(22) Len:I think we did a verbal for them last year actually
(23) Bel:/(no they weren't in anything)\
(24) Len:/no they weren't in\ the mix
(25) Bel:I'm definitely /biased Len [laughs]\
(26) Len:/alright so they need to be they need to be\ verbalized
(27) Sio:good way of getting there [laughs]
(28) Len:we may be we may be quite keen on your bias
(29) Val:oh no
(30) Bel:use Clive [laughs] ( ) no I've had enough
(31) Len:alright

(Holmes 2006)

该段对话中，Belinda 作为女性却使用了明显的男性话语特征，最开始的拒绝表明她预期到这个任务会分配给自己，并出现了(2)中的"我没在做这个"。同样她的总结也很直接，在(30)中对她的上司 Len 用祈使语气"use Clive"以及直接拒绝"不，我已经够了"。同时，为了解决双方对任务分配的不一致，Belinda 采用了协商手段，提供了一系列原因来解释为什么她自己不能做口头汇报，见(5)(8)(14)(16)(20)(25)(30)。她的协商方式具有鲜明的女性性别特点，如重复[(14)(16)(20)(25)]、强化[(25)中的 definitely)]。另外，这种显性冲突往往发生在比较熟悉的同事或者上下级之间，因此该冲突话语中也出现了合作型幽默。Belinda 的直接拒绝是传统模式中的男性话语特点，但其对该话题的延展为解决冲突提供了新的协商视角，使拒绝显得不那么直接。

4.5　工作场合话语中参与者关系建构

一些研究以女性领导者与不同性别下属之间的关系建构为例，探讨语境、目标和不同听话者对领导者性别身份的建构（Marra & Holmes 2006；Cameron 2007），以及参与者的话语策略选择受工作场合的情景语境和文化语境的影响(Holmes & Marra 2011),如在男性主导的公司、有性别区分的(gender-divided)公司和多性别(gender-multiple)公司中领导者身份建构方式的区别(Baxter 2010)。

女性领导者与同性别员工之间互相刁难多出现在性别有明显分工的企业,如男性主导的公司和有性别区分的公司,而多性别公司更注重员工职业经历、教育背景、社交技巧等(Baxter 2010:134)。

此部分所转写语料采用如下转写标准:(Baxter 2010)

(.)	微小停顿
(1.5)	十分之一秒停顿
[	重叠讲话或打断的开始/结束
=	封闭
—	强调
(sighs)	非言语行为;编辑评论
?	疑问语调
[×××]	听不清
(ha)	笑的音节
::	抽出的话/音节
(×××)	括号内斜体表示编辑评论

下文例5是在公司会议中女性领导者Jan与女性下属Liz和Iris的对话内容,由于Iris的角色是会议记录员,因此她的话语并未出现,话轮中出现的Ian是Jan的顶头上司。

例5

(1) Liz:can I just ask a question out of curiosity?
(2) Jan:yep.
(3) Liz:I know you met (.) with Ian and others around the table with Ian last week
(4) and the basis of (.) the decisions on (.) D. brand (.) but what has changed
(5) (laughs) (1) in terms of the Area:?
(6) Jan:what has changed (.) [nothing's-
(7) Tim:[Wh-what you mean?

(8) Liz: no: it sounds as if like the old channels of communication erm I mean I know

(9) the relationship isn't as good as all that but it's still the way it was compared

(10) with the Area so I mean I'm not saying it should or it shouldn't it just [strikes me

(11) Fra: (*Laughing as Liz speaks*) [it's just inefficient that's all

(12) Jan: it's just it's just getting Ian on his own

(13) Tim: without luggage in between him so we can have a conversation directly with

(14) the Big Man himself.

(15) Jan: the whole purpose of it was to get Ian onside so we could talk about what we wanted to do with the busi [nesses

(16) Liz: [but they don't know that

(17) Jan: sorry?

(18) Liz: they don't know that

(19) Jan: they know it now

(20) Liz: they know it now

(Baxter 2010)

（1）中 Liz 说的"我很好奇,可以问你一个问题吗",说明 Liz 在为领导者的发言建立一个新视角。尽管在（2）中,Jan 给了 Liz 发言的机会,（5）中的 Liz 笑了,并且重复出现的（.）表明了她对新方向的讨论并不确定,Jan 也根据 Liz 的问题提出反问:"有什么改变吗？并没有。"在这里,Jan 并不是在提供观点,即便在（7）中 Tim 为 Liz 帮腔,Jan 也并未理会 Liz 的问题。在（8）~（10）中,Liz 意识到她的同事也没有充分理解她的问题,因为在（11）~（17）中,Jan 和两位男同事试图抓住 Liz 的重点,因此在（16）中,Liz 再一次试图打断其上级同事的话并想发表自己的不同观点,但 Jan 表达了自己不喜欢被打断的意思并讥讽地用了本表示礼貌的 sorry。在（18）中,Liz 重复了自己的重点,但是 Jan 迅速进行了反驳,Liz 的回应为"他们现在理解了",以表示自己结束了对 Jan 的质疑,并回到同意 Jan 的位置上。而在下文例 6 中,Jan 通过会话建构的则是一名鼓励下属的女性领导者身份。

例 6

(1) Liz: can I make a suggestion equally
(2) Jan: yeah
(3) Liz: um just in terms of would it be worthwhile to pull the senior managers
(4) together so that we can finally meet up just to ( ) if we can find a solution just
(5) to ( ) if that is the decision fine I mean as long as it is clear because we're just
(6) creating more noise and there's a lack of understanding and they need to
(7) understand where we're coming from rather than just pissing them off further
(8) Jan: OK good point no good point (.) do you want to do that then (.) I'm not around
(9) you see
(10) Liz: no nor am I but I'm happy to put it together
(11) Mic: what is Liz saying ( ) I'm sorry I don't understand
(12) Jan: what Liz is saying is in terms of getting us copied in all the mail (.) want to
(13) do that for a month so that we actually understand what is going on in the
(14) business because it is 3 months now and every single month there are a few
(15) things coming up that are causing us issues OK so what I'm saying what Liz
(16) is saying is if we just do it without explaining why to everybody then it'll be
(17) Jesus Christ what's the management team doing…(*Jan continues*).

(Baxter 2010)

这段对话中，Liz一开始的发问显示出她是一位对于在公众场合发言没有自信的女性，Jan再次同意Liz的发言，但这次并没有打断她，并对她的发言给出积极回应。在同样面对男同事不懂Liz的问题时，Jan试图帮着Liz让大家明白她的发言，这不仅显示出Jan对下属发言的鼓励与支持，也反映了Liz的发言需要得到Jan的支持才能被其他同事接受；同时，Jan的建构多为转述，如"Liz所说的"，从而避免加入自己的主观观点。总之，与例5相比，Jan对Liz进行鼓励，没有反驳她，给她充分的话语权，使其更加自信。

4.6 电视求职招聘中的性别身份与关系建构

4.6.1 电视求职招聘的语料描写

前文围绕工作场合中的会话着重分析了各类会议中的性别身份建构，并主要集中在领导者的性别身份。为进一步展开讨论，我们选取求职招聘中的性别话语进行分析。我们以电视招聘节目《职来职往》2014年9月14日这一期里在四位求职者、招聘者、心理学专家、主持人和现场游戏解说代表之间展开的对话为例（见例7和例8，节选，系笔者转录），具体阐释在游戏公司招聘场合中身份、知识和关系的建构方式以及性别之间的关系，其中求职者B，招聘者唐宁、邓佩，游戏公司代表木木为女性，其余人均为男性。

例7

(1) 男性求职者A在视频短片中的自我介绍：玩游戏耽误学习我相信是每位家长都说过的话，但现在我有足够的资本对他们说你错了。我从小热爱游戏，中午午休的三十分钟也要翻墙出去打游戏，对游戏的痴狂构成了我初中时期的缩影，即便如此，上课认真听讲的好习惯让我在班上名列前茅，考上了全美前三十的大学。迄今为止，我玩过的游戏少说也有上千款，一千款游戏给了我一千种体验人生的机会，游戏所带来的快乐从本质上说是人类追求智慧所带来的快乐，我希望有一天我也能用一款游戏颠覆虚拟的空间。

(2) 主持人李响：请简要自我介绍一下。

(3)求职者 A:我来自××学校,主修的是心理学。

(4)主持人李响:心理学?

(5)男性求职者 A:对呀,研究玩家的心理才能做出好游戏呀。

(6)主持人李响:我们有心理学的教授在这里,徐总是游戏的专家,雷老师是心理学的专家,慌了吧?不好骗了吧?

(7)求职者 A:慌了。

(8)主持人李响:来继续介绍你自己啊。

(9)求职者 A:迄今为止我已经在我们学校办了两届××游戏比赛,只要是游戏,不管你们听过的还是没听过的,我多少都有些涉猎。

(10)主持人李响:还有什么要跟大家介绍的吗?

(11)求职者 A:当然还有啊,给大家继续说说我对游戏的看法,我觉得电子游戏和其他的游戏没什么区别,你知道吗,你看篮球,他的英文名叫 basketball game,game 是什么,游戏,下棋是什么,chess game。

(12)主持人李响:game。

(13)求职者 A:再说桌游,game。

(14)主持人李响:嗯,game。

(15)求职者 A:对吧,都是游戏。

(16)主持人李响:人生,game。

(17)求职者 A:但是电子游戏和其他游戏的区别在于媒介不同,希望我这么多年对游戏的经验可以对我今天的求职有帮助。

(接下来主持人和其现场对决玩一场十几年前发明的游戏。)

(18)主持人李响:妈呀,我都不会开机了。

(19)求职者 A:我教你呀。

(20)主持人李响:好,一百六十八合一,本节目大气吧。

(游戏结束后)

(21)主持人李响:这是一款特别老的游戏,诞生的时候他还没有出生,我居然惨败给他了,我们来看看各位老师,进入他/她的"完美初印象"。

(22)招聘者陈默:你玩这么多游戏,成绩还那么好,考到美国那么好的学校,你能告诉我们原因是什么吗?

(23)求职者 A:有两个诀窍,第一个就是上课专心听讲。

(24)主持人李响:说这话时你自己都绷不住笑。

(25)求职者 A:第二个就是课余时间完成作业,常言道,学而时习之,是吧。

(26)招聘者陈默:我跟你说这特别好,其实很多父母听到游戏就像看到洪水猛兽一样,不是这样的,孩子的选择可以很多样,只要我们可以取得好的成绩,其他爱好都是你可以去做的。

(27)招聘者海涛:我留意到你说你在美国组织了两次比赛,那么这个比赛的情况能不能给我们讲一下。

(28)求职者 A:开始的时候,因为你要有队嘛,有队了怎么都好说,什么赞助啊都来了,所以我就开始找队。开始都没期待那么多,结果来了很多队,还有两个外国队,但是第二届就特别成功,我自己掏的奖金,有队伍甚至从芝加哥专门开车来参赛,学校记者甚至都来采访我了,还上了报纸。

(29)招聘者杨石头:你让我觉得你能学得出色也能玩得出彩,但是呢我,像我这样摩羯座,A 型血的人,那你怎么刺激我去打游戏?

(30)主持人李响:找一个美女打游戏带着你。

(31)求职者 A:我首先问您一个问题好不好,就是您平时有什么爱好?

(32)招聘者杨石头:我没有什么娱乐,我就是工作。

(33)求职者 A:那您还是工作吧。

(34)主持人李响:目标针对群体很明晰。

(35)招聘者沙平卫:游戏对你是一个正面的影响还是负面的影响?

(36)求职者 A:很多人以为玩游戏就会堕落啊,毒品成瘾是有生物学原理的,但是游戏和其他类型游戏是一样的。

(37)主持人李响:它是 game。

(38)心理学教授雷明:心理学大概总结了四种减压方式,叫遗忘、转移、中和、宣泄,那么打游戏的时候,很好的是遗忘压力的过程、转移注意力的过程,打赢了是中和,打输了是宣泄。遗忘、转移、中和、宣泄,四种方式,这就是游戏减压的心理机制。

(39)主办方招聘者许怡然:首先第一呢,我觉得特别值得称赞的就是,学业不耽误的情况下玩好游戏。我觉得作为一个玩家,把游戏玩好不是特别高明,但能把两边都做得特别好,其实是一个令人敬佩的事。我觉得自制能力首先是一个特别好的素质,我觉得这个展示的方式挺90后的,我认识的90后都这样表达。

(40)招聘者陶亚东:我看到你的展示里面有两个小字,宅帅,你觉得你自己帅吗?

(41)求职者A:并不帅。

(42)招聘者陶亚东:我看你的形象还不错,但是还有一点点不完美,你有女朋友吗?

(43)主持人李响:为什么没有女朋友就不完美?

(44)招聘者陶亚东:因为大家认为的网游爱好者都是不修边幅,有社交障碍,这些你都没有,都很好,但是找不到女朋友,我希望你早日找到女朋友。

(45)主持人李响:你怎么看待这个问题?

(46)求职者A:是因为我自身的条件还达不到我自己想要的标准,所以我要努力修炼自己。

(47)主持人李响:那你对对方的标准是什么样的?

(48)求职者A:长得漂亮啊,有内涵啊。

(49)主持人李响:为什么我说到这个问题时,木木,你笑得那么不自然?你是觉得你长得漂亮还是有内涵,还是两者兼而有之。

(50)游戏公司代表木木:不好意思,两样全占了。

(51)主持人李响:那木木,那你现在有男朋友吗?

(52)游戏公司代表木木:没有。

(53)主持人李响:那你的人生不完美。

(54)(转向游戏公司代表木木):敢问你今年(年龄),你大他一些对不对?

(55)求职者A:你问女生年龄吗?

(56)主持人李响:我没有问啊,我是问她是不是大你一些,你介意女生比你大吗?

(57)求职者A:不介意啊。

(58)主持人李响:你介意男生比你小吗?

(59)游戏代表木木:介意。

(60)主持人李响:有的时候和长相和内涵还没有关系,还有年轮的修炼。经过他的完美展示,请各位达人亮灯和灭灯。

(59)招聘者邓佩(也是推荐人):到现在了,还没有用我(帮他)说话,证明他确实很好,但可能有很多东西还可能是他在舞台上没有表现出来的,如果你没有找出什么特别不好的一定要灭灯的理由,就请你们留灯吧。

(亮灯结果:招聘者17人中仅有两人灭灯)

(60)主持人李响:恭喜你进入最终PK环节,有没有信心?

(61)求职者A:当然有。

例8

(1)推荐人聂昱:给大家推荐的是我们本场选手中最漂亮的一位,也是唯一的一位女性,同时也是一位资深女玩家,我就希望她能出来和大家讲一讲她对游戏的感受。

(2)求职者B:谁说游戏是男孩的专利?女孩也可以玩游戏呀。女玩家分两种,第一种是卖萌型的,第二种是女汉子型的,一边抠脚一边按键盘,但我这两种都不是,我是技术型的。不是说我游戏玩得有多好,而是说我的专业就是做游戏的,同时我还运营着一家工作室。说起游戏制作,就不能不提游戏引擎,中国有的引擎太low了,像画面垃圾、动作僵硬等都是引擎不好所产生的问题,我的梦想就是在未来的游戏中,有我后天的世界。

(3)求职者B:大家好,我叫××,来自××大学,现在读研三,因为喜欢游戏,考研时选择了计算机,非常荣幸参加这次招聘,我是二十位中唯一晋级的女选手,关于游戏,我觉醒比较晚,虽然我接触比较迟,但我加速度还是蛮高的。

(4)主持人李响:欢迎××,她出来我的第一印象就是有一种割裂的美,大家看哈,把脸挡上,会觉得是另外气质和类型的女生,这个女生感觉特别成熟和妩媚,但是我们把脸露出来,我们会觉得这是一个很可爱的小妹妹,而且呢一定学习超棒。我有一个问题,你为什么在大二的时候觉醒了?

(5)求职者B:可能是在大二的时候压力比较大,课程比较多,所以为了减压,有同学和我推荐说《仙剑奇侠传》不错,然后我去玩,发现真的不错,×××等都玩了一下。

(6)主持人李响:这个不会占据你算数学题的时间吗?

(7) 求职者B：说实话可能会有点占，我当时有一关打不过去，自习的时候突然停电了，我的思绪一下被拉回来了，我就打算专心算题，算对了四道我就立马冲回去玩游戏。

(8) 招聘者唐宁：同学你好，刚才你说的通过停电的方式把你拉回来，类似你这样的求职者像你这样的是大多数吗？

(9) 求职者B：玩游戏的时候耽误学习的人都有一个共同的感觉，就是负罪感。我今天没有学习，就有负罪感，我读书反而比之前更认真细致。

(10) 招聘者唐宁：但也有另一种可能性，就是虱子多了不咬，究竟我们要不要让我们让所有人都觉得玩游戏和学习好是可以并行的，还是只是出现在一些个别情况中？

(11) 求职者B：人都是有控制能力的，在于你这个叛逆心有多重，就是我谈了一场恋爱，但是父母反对，但是这样他们依然在一起，为什么，我有叛逆心，如果让他玩到一定地步，他自身会有一些负罪感。我就希望你有这种负罪感，越强烈越好，你就真的想去学习了。

(12) 招聘者夏骄阳：因为我不是一个游戏玩家，但我看到很多年轻人沉迷游戏，我想问你，是游戏本来什么问题都没有，还是说像你一样优秀的人和游戏接触，才不会对你们产生不良影响？

(13) 求职者B：您所说的废柴一样的人是现实生活中得不到满足，去游戏中找成就感。

(14) 招聘者夏骄阳：今天我和雷老师探讨一个问题，我不是抑郁症患者，我问他从心理学上讲怎么才能让我快乐，雷老师告诉我堕落。

(15) 心理学导师雷明：那个，我声称一点啊，我的那个答案是为了陷害夏骄阳，因为我坚信他是一个意志坚定、品格高尚的人。

(16) 招聘者夏骄阳：雷老师说的特别靠谱，因为我发现能让我快乐的往往不是什么健康的事。

(17) 心理学导师雷明：我收回我刚才品格高尚的评价。

(18) 招聘者许怡然：正好想给在座各位一个切身的招，因为像我这样，从小打游戏，又上了清华，又去做游戏，孩子也已经玩游戏了的人，在座可能还不多，所以我有亲身经验怎么控制我孩子玩游戏。我有两个办法,一个是介绍除了电子游戏之外的有趣方式,让他觉得电子游戏是一种娱乐,第二种是我和他一起玩,比他玩得好,然后告诉他你爹玩得好是因为小时候控制好,能好好学习。

(第二段短片展示结束)

(19)招聘者陈默:可能我们确实不是你的目标受众,我看到这影片之后就觉得好像缺乏了灵魂。我作为对游戏不了解的人,我看完它之后,我期待对它的了解,甚至说走入。但是我看完以后其实抓不到这个游戏它到底想给我带来的世界观是什么,它想用什么样的情感把我引入进去,看完之后,我都觉得这个游戏不应该让我去玩了。

(20)招聘者许怡然:这个我帮她解释一下,因为我以前是程序员出身,我也是做虚拟现实的,把游戏的场景放到虚拟现实里面,所以我完全看得懂她想讲的东西×××,她完全是给我看的,我完全理解她做的。

(21)招聘者曾鹏宇:我也挺支持这个妹子的,我觉得这就有点像我们看电影和 3D 电影的感觉。

(22)求职者 B:是的。

(23)招聘者曾鹏宇:我想大多数人看到的就是普通的电影,但是当我们第一次出现 3D 电影的时候,觉得可能效果没有那么好,但是这种感觉是个立体的感觉,我因为这点我会支持她。

(24)招聘者邓佩:我必须得讲一下,首先呢,我觉得我们要站在一个行业的角度来看问题,我觉得×××今天把这个片子呈现在这,也许并不能把它定义为一部宣传片,一部游戏的宣传片,而是她自己个人才能的一个展示片。那在这个当中,我们没有看到把 DOTA 2 呈现出来的特别漂亮的拍摄手法、展现形式、镜头感、画面感,都没有。但是这个部分,我认为也许不是未来她要去就职的那个部分的专业,如果我们要做一部很好的宣传片,一定有技术、策划层面的支持,还有后续去执行它。谁来拍摄、剪辑和负责文字工作,这些分工是很详细的。那这部片子我认为它特别好的部分是展示了视频和现场互动当中,能够让用户和游戏之间产生互动的这样一种技术,我认为它是新颖的、有创意的,而且未来我们能够通过专业的多维组合把它变成我们在未来传播过程中特别的体验感吧。

(25)主持人李响:一个作品,十七盏灯变成了十三盏灯,给各位一个思考的时间,现在思考开始。

(剩十盏灯)

(26)求职者 B:谢谢。

(27)主持人李响:希望一会儿你能立于一个不败的位置。

(28)求职者 B:谢谢响哥。

4.6.2 电视求职招聘活动中的性别身份建构

在例7和例8中,通过分析,我们看到有男性求职者、女性求职者、招聘者和心理学专家以及游戏主播代表的性别身份建构。

4.6.2.1 男性求职者的性别身份建构

求职者 A 在自我介绍中说自己能够正确处理好学习和游戏之间的关系,游戏并没有影响自己的学业,(1)中的"足够的资本对家长说你错了""即便如此仍然名列前茅"证实了这一点,同时也引出玩过游戏的种类之多(1、9)和对玩游戏的个人感悟。在(17)中,求职者 A 通过解释电子游戏和其他游戏的区别来再次升华其对游戏的感悟,展现自己对该行业本质的精通和思考。另外,在(5)中,面对主持人的质疑,他展现了除了游戏之外的主修专业方面的优势。(11)中的"当然还有啊、你知道吗……",(19)中的"我教你呀",以及(23)、(25)、(61)都表现出该求职者的自信,求职者以一种行业翘楚的口吻来回应主持人,且表达比较简明扼要。(21)中主持人对求职者技能的肯定也建构了其实力超群的身份特点,(34)中主持人对其关于游戏的思考进行肯定,(26)中非游戏行业招聘者以及(39)、(59)中游戏行业招聘者肯定了其对学习和游戏的正确平衡。在(28)中,求职者 A 将自己创办比赛的惨淡开端与第二届的出色结果进行对比,凸显了求职者在活动开展过程中的作用,同时,(41)和(46)展现了该求职者还有谦虚的一面,(55)和(57)展现了其绅士、包容的一面。

4.6.2.2 女性求职者的性别身份建构

在例8的(1)中,推荐人向大家介绍求职者 B 是唯一的一位女性,且对其外貌进行评价,求职者 B 在(2)自我介绍中开篇指出自己在男性主导的游戏世界中处于什么样的地位,在(3)中再次强调自己是20位应聘者中唯一的女选

第四章 工作场合中性别身份、性别关系和知识的建构

手,将自己的专业属性与大家对女性不会玩游戏、开发游戏的固有观念区分开来。(4)中主持人对其外在形象进行评价。在(6)~(11)中,主持人因(5)中求职者 B 提到的学业而抛出求职者 A 之前回答的同样问题:玩游戏与学习是否冲突。而(6)~(11)中求职者 B 的回答展现了鲜明的女性追求细节话语特点,将玩游戏与内心负罪感联系在一起,并将前因后果描述得细致而冗长,但是(9)和(11)并没有和(8)(10)中的问题完美呼应,甚至有些不符合题意,另外,(2)中也提到了对一些国内引擎的轻视。经过第二轮短片展示,一些不懂游戏的招聘者选择灭灯,因为求职者 B 没有像 A 一样展现除了游戏之外的个人品质,如谦虚、包容、有思想等,也不如 A 展现得那么自信。总体而言,女性求职者 B 的身份建构不如男性求职者 A 成功,亮灯的评委也比 A 少五盏。

4.6.2.3 招聘者和心理学专家的权威身份建构

在招聘场合中,招聘者有更高权威,其中也有话语建构出来的权威。在例7 和例 8 的招聘话语中,招聘者性别身份的差异性并不显著,女招聘者在专业权威方面具有男性话语特点。(6)中主持人对现场专家身份的肯定、(22)和(27)中招聘者善于捕捉求职者自我介绍中的亮点经历,并围绕这些经历展开追问,以及(59)中女招聘者提及"到现在了,还没有用我说话,证明他确实很好",等等,都建构了自身游戏从业者权威。(38)中心理学教授由于不是占据主要地位的行业内招聘者,所以当现场任何发言者谈及心理问题时,他都要适时把握住发言机会,以此建立自己在心理学知识方面的权威,因此他的发言随机性较强。我们不难发现,上述这些专业人士通过专业知识来建构权威,因为行业知识懂得多的人才有资格来评价求职者,从知识权威的角度超越非行业内人员。(12)(19)中的不是游戏玩家的自我定位、(14)中的向心理学专家请教问题都建构了他们自身不是该领域专家的身份,虽然大家都是招聘者,但不敢在自己不了解的领域班门弄斧,且善于虚心请教。(18)(20)(24)中的游戏行业招聘者有充分的自信来评判求职者的表现优劣,并现身说法,认为在座各位招聘者在游戏方面都不如自己有发言权。另外,(21)中的招聘者虽然处于非游戏行业,但也敢于发表自己的观点。同时,游戏行业招聘者的发言往往在非游戏行业招聘者之前,这意味着前者建构了抛砖引玉的招聘者身份。

4.6.2.4 游戏主播代表的性别身份建构

现场的游戏主播代表的主要身份类似于陪审团,主播代表有男有女,但是二者的社会角色不同。许多游戏玩家关注的是男主播的游戏技巧和实力,而关注女主播的颜值。这种社会观念也决定了主持人在(49)中提到找对象的话

题就对女主播发问,而后面涉及游戏比赛经历的时候,选择向男主播发问,因此,在分析游戏主播的身份时,性别是一个重要的参数。

4.6.3　电视求职招聘活动中的关系和知识建构

首先,不同行业招聘者身份之间发生了一些冲突,招聘者与心理专家之间发生了冲突,而招聘者和游戏代表之间没有任何关系建构。游戏行业招聘者对求职者的评价会在一定程度上说服非游戏行业从业者等人员,因为其在行业内拥有绝对权威。而非游戏行业招聘者虽然有较少发言权,但作为评委仍然有重要的投票权,这决定求职者能否进入下一轮应聘过程。另外,幽默作为一种重要的调节气氛和参与者之间关系的手段,存在于这两则话语之中,如例7中(11)~(16)对 game 的重复、例7的(24)中一种假装拆穿达到的幽默效果。从(40)开始,招聘者将话题引向求职者的外貌和私生活,之后,主持人关于找女朋友的话语一直持续到例7的(60)。主持人知道这些关于个人隐私的话题会引起观众注意[如例7的(30)引向美女、例7的(43)引向女朋友],所以在主持过程中夹杂了一些情感八卦,使这个本该十分严肃的招聘场合更具电视节目的趣味性。

通过以上对《职来职往》中一场游戏公司电视招聘的话语分析,我们看到招聘者、求职者等的身份建构及其与性别话语策略的关系,会话的分析呈现了社会建构主义是如何通过话语分析来实现身份、知识和关系的建构的,揭示了话语分析在分析社会问题时的重要意义,为未来跨学科工作场合话语的性别研究提供了更多可能性。

4.7　讨论与结语

首先,工作场合的性别话语分析具有鲜明的跨学科特点,尽管话语分析是在语言学框架内操作的,但多数研究都具有社会语言学的特点。话语分析通过分析流动的语言,并且考虑到社会学的参数,构建更为动态的身份、知识和关系。比如男性和女性的社会性别不再是简单的生理性别的区分,而是像跨性别者、同性恋者这种新的生理性别的界定一样,人的社会性别分类也被扩展了。工作场合中男性领导者的社会身份建构可以通过女性话语策略来实现,女性领导者身份也可以通过男性话语策略来实现。由于这种社会性别身份类别的扩展,不同性别领导和下属的关系、工作场合的知识建构也发生变化。同时,用话语分析方法研究工作场合的话语可以在身份、知识和关系建构方面补充其他学科的理论和研究方法。

其次,话语分析具备一些独特优势。社会认知领域相关学科多采用访谈和统计的方法,访谈的性质决定了其中可能夹杂受访者或者受试者以及研究者的主观性,而话语分析观察实际、动态的语言,更为客观真实,结论也更可靠。社会建构主义关照下的话语分析的核心理念在于用丰富的语言资源,以不同的方式来建构多重身份、动态身份、可能重叠的身份、矛盾的身份、随时间变化的身份以及无止境的身份。虽然其他学科如企业管理也会注意到话语在企业文化建设中的作用,但是它们将话语作为其研究中的一个边缘部分,没有系统、全面地从语言学的角度去具体分析。除此之外,话语分析还会反观、解释、评估其他学科所得出的结论的可靠性,如女性在职场中遇到"玻璃天花板"的原因,职场中性别不平等现象仍然存在的原因等。

再次,话语分析扩大了工作场合中性别研究的可能范围。由于将男性身份与一些固有特点进行模式化联系,社会认知领域较多地对工作场合中的女性身份、关系和知识建构进行研究。而话语分析对工作场合中不同身份、不同性别的工作者的话语进行收集和分析,没有将任何一种性别置于常识预设之中,客观分析男性与女性的传统模式化性别身份,以及其与实际发生的话语中所建构的身份的区别。

最后,话语分析得出的结论对企业从业者有更丰富和具体的指导意义。就研究展开的层面而言,心理学、社会学等多围绕宏观问题展开,比如何种性别的管理能力更突出,何种性别和身份面临更多歧视和不公正待遇等。话语分析从微观层面的语言活动出发,探讨这些成功的女性或男性领导怎样通过一些有性别特征的话语策略来建构自己的权威身份、怎样有效处理企业员工之间的关系、怎样高效开展企业会议等。另外,话语分析也展现了沟通方式和技巧方面的障碍是阻止工作场合中性别平等实现的重要原因,以及有效的话语策略往往不局限于某一特定性别,比如男性领导可以采用闲谈和合作型幽默等女性话语策略来使自己的领导方式不再过于强硬。从这个意义上讲,传统的企业培训中往往只教授员工一些零散的技巧,而话语分析从个体出发,使从业人员懂得如何成为不同语境下的高效沟通者。

第五章 协商行为中的身份、关系和知识建构

5.1 引言

《朗文应用语言学词典》中将协商定义为"会话中说话者为了达到成功的交流所做的事情。为了使对话能够自然流畅地进行,对话双方能够相互理解,交际双方有必要显示出对交流内容的理解程度,并努力互相帮助以便清楚表达观点,必要时可以对所述内容或所述方式进行更正"(Richards et al. 1985:190)。在人类社会交际中,冲突不可避免。协商是解决冲突的有效策略之一。交际环境的不同塑造不同的交际冲突,协商行为相应地有所变通。Sawyer & Guetzkow(1965)最早研究协商行为中的协商策略,引发众多学者的研究兴趣,并进而发展出了多种研究路径,具体而言,涉及目的导向、问题导向、需求导向和应用导向等。对于协商行为的研究,主要经历了起步期、发展期和成熟期三个重要的阶段。在起步期,研究者们将协商行为视为一项事件(event)或者活动(activity)来进行探究(Rubin & Brown 1975;Gulliver 1979;Tedeschi & Rosenfeld 1980)。在发展期,研究者们将协商行为看作某种交际行为(communication)(Neu 1988;Barley 1991;Schiffrin 1994)。在成熟期,相关研究逐渐细化到各个领域中协商行为的应用性研究,涉及经济学、政治科学、人类学和社会心理学等多个领域。

协商行为也被定义为属于心理研究的范畴。在这个研究视角下,研究者们多聚焦于编码方式研究和文本分析研究两大范畴。代表人物包括 Morley & Stephenson(1977)、Putnam & Poole (1987)、Maynard(1984)、Francis (1986)和Drew & Heritage(1992)等。Putnam & Poole (1987:573)将协商行为视为一种话语编码方式。他们认为,协商行为本质上是通过各种语言和非语言的线索来执行多项功能的过程。协商话语可以同时服务局部协商行为或

整个协商行为。基于这一观点,协商行为的话语可以被分割成多个"元编码话语单位"。"元编码话语单位"主要包含两方面的内容:一是指协商观察者不仅要分享与语言交际相关的知识惯例,同时也要了解协商参与者的协商倾向;二是指协商参与者应当适当地表明自身的协商意图和协商倾向。Maynard(1984)关注协商行为的文本分析。他将自然发生的协商实例进行文本转写和分析。根据Maynard(1984)的研究,协商行为包含参与者导向和参与者互动两部分,这两个部分是协商行为的根源所在,可以由此对协商行为中的分析与讨论、争论、辩护、反驳等行为进一步做区分性分析。

基于上面提到的协商行为的研究,我们将视角内化至话语分析领域。在话语分析领域中,协商行为具体体现为协商话语,因此,对协商话语进行细化分析具有实践性意义。在协商话语中,发话人根据不同的话语交际目的对潜在的词汇语法资源做出选择,从而达到一个较为稳定平和的话语交流状态,具体可以现实化为三个层面的探析,包括协商话语中身份的话语建构、参与者关系的建构和知识建构。

5.2 社会认知相关研究中的协商行为研究

关于协商行为的研究,目前存在着众多的研究趋向。在不同研究领域和视角中,学者们的关注焦点有所不同。通过对社会认知领域中众多学者的研究进行相关梳理,我们发现协商行为研究主要分为行为研究和人类学方面的研究,前者又可再细分为规约研究、抽象研究和实验研究。

协商行为规约研究的代表学者包括 Fisher & Ury(1981)、Mastenbroek(1989)、Griffin & Daggart(1990)、Sunshine(1990)和 Salacuse(1991)等。这一方面的研究聚焦于"如何协商"这一视角,重点探究了实际协商行为中应当遵循的相关原则和要素,如促成协商成功需遵循的四项原则。这四项原则具体是指:(1)将参与者与问题分离开来进行协商;(2)关注协商利益,而非协商立场;(3)预测协商的各种可能性结果;(4)遵守协商的客观准则(Fisher & Ury 1981)。协商行为的规约性研究以参与者的交际行为为导向,试图构建一种有效完善的协商模式,帮助协商者顺利有效地完成协商的整个过程(Salacuse 1991)。这一模式的构建具有一定建树,但也存在着一定的弊端,尤其是协商模式的"印象主义化"弊端,遭到众多学者的质疑和诟病。

基于抽象研究视角，协商行为被视为"以经济为基础的抽象导向的讨价还价模型"。在这一研究视角中，Young（1975）、Rubin & Brown（1975）和Gulliver（1979）等学者做出了重要贡献。抽象视域下的协商行为研究关注理论层面的研究，聚焦推理导向和假设导向。学者们认为，对协商结果的预测可以置于一定的理论框架中，该理论框架在一定程度上具有理想化的特点。在这个框架中，参与者被赋予"完美"的特性，具备遵循逻辑原则独立和理性完成事情的能力（Rubin & Brown 1975）。这种逻辑和理性是基于假设而存在的，力求达到利益最大化，实现协商双方的双赢。当然，程式化的研究视角必然导致实用性的疏漏，抽象性研究并未得到之后学者们的广泛追随。

在基于协商行为的实验性研究方面，学者们建立了"实证主义"方法论的研究范式，提倡对协商行为进行因果关系层面的分析。这一领域的代表学者包括Cole（1972）、Rubin & Brown（1975）、Druckman（1977）和Lewicki & Litterer（1985）等。在协商行为研究中，关于协商的社会心理学研究较为令人瞩目，其对协商事件的研究形成了一系列相关的社会心理学理论，如效用理论、影响理论、集合理论等。协商性行为的实验性研究通过"假设—验证—发现—阐释"的模式进行分析，得出的相关结论具有较强的说服力和实用价值（Druckman 1977）。

在人类学研究视域下，协商行为的研究更加注重与实际案例分析相结合，通过实地观察和见面访谈的方式进行实际案例的描述和研究。Druckman（1973）、Marsh（1974）、Maynard（1984）和Gulliver（1988）等学者进行了相关探究。这一视角的研究关注协商行为的动态发展过程，即协商行为在形成过程中的可生成阶段和特征。其中，协商行为可以分为五个常规阶段：(1)协商准备阶段；(2)协商审查阶段；(3)协商跟进阶段；(4)协商确认阶段；(5)协商完善阶段（Marsh 1974）。也可以进一步划分为八个阶段：(1)寻找协商场地阶段；(2)协商议程确立阶段；(3)协商问题确立阶段；(4)缩小差异阶段；(5)最终协商准备阶段；(6)最终协商阶段；(7)协商达成阶段；(8)协商协议签署阶段（Gulliver 1988）。人类学视角下的协商行为与社会环境和社会关系紧密关联，是对协商行为研究的有序性拓展。

5.3 协商行为中身份的话语建构

话语是"一种社会实践,是一种意义的生成方式,是一种言说方式、生活方式、生存之道,是一种味道、一种姿态或者一种气质"(丁建新 2015:37)。话语类型的不同,话语风格的不同,都与话语身份的建构有着休戚与共的关联。话语是语言符号和现实社会的纽带(王国凤、庞继贤 2013),因此我们需要将社会行为中参与者的身份建构置于现实社会中进行研究,在真实的人际交流中分析和建构身份。在协商话语的范畴内梳理和归纳相关研究,可以发现,这些研究基本存在以下三个趋向:社会身份建构、民族文化身份建构和性别身份建构。

Brown & Levinson(1987)、Rogan & Hammer(1994)、Bodtker & Jameson(2001)、Kopelman et al.(2006)和 Brett et al.(2007)等学者关注协商性话语的社会身份建构研究。Brown & Levinson(1987)将协商者的"面子"问题作为研究焦点。他们将"面子"定义为协商者通过开价、让步、说服等协商方式所塑造的正面协商或负面协商的身份形象。协商者通过不同的协商策略对被协商者的"面子"进行多方维护,实现协商双方在语言和行为上的一致性。由此可见,协商语言策略的使用在某种程度上直接或者间接地影响协商行为的结果。另外,协商话语交流中个人身份或集体身份的建构途径有所区别。协商者往往通过制造幽默的评论、自我表露、自我贬低、给予赞赏、塑造自我形象等方式进行自我形象和他人形象的建构(Rogan & Hammer 1994)。需要指出的是,协商话语中的情绪表达对身份建构也起重要作用。情绪的表达分为积极情绪和消极情绪。一方面,在协商活动中可以避免使用敌对消极情绪,如表达愤怒或者沮丧的情绪,恰当使用积极情绪来塑造个人身份,如表达兴奋或者喜悦的情绪,以助于达成一致的协议,实现融洽良好的往来关系。另一方面,在协商活动中也可以通过适当表达消极情绪,如采用某些表达愤怒的语音语调或者提高音量的方式来打破僵局,塑造较为严谨的个人形象,让协商双方知晓协商的严肃性或让步的必要性(Bodtker & Jameson 2001)。协商行为中的身份建构伴随着情绪的更迭,在这一协商过程中必然会出现消极情绪和积极情绪,这对塑造参与者的身份具有重要作用。从话语分析的视角看,学者们更多地将协商行为视为动态话语实践过程,在这一过程中协商者实现"积极身份"和"消极身份"的双重建构(Kopelman et al. 2006)。通过维护或者攻击的话语方式可以实现协商双方身份的塑造,在协商过程中,鼓励的话语表达如"excellent idea""we are working on this together",强制性话语表达如"you shouldn't""I want""you ought""we must"等,在某种程度上会增加或降低话语协商成功的概率(Brett et al. 2007)。

Gumperz(1982)、Bhabha(1994)和Doran(2004)等学者较多关注协商行为中的民族文化身份的建构。学者们认为,协商行为中的身份建构与种族关系具有相关性。例如,通过对挪威具有双语能力的语言社区群体的协商话语进行研究发现,情景语码转换(situational code-switching)和隐喻语码转换(metaphorical code-switching)有助于民族文化身份的建构(Gumperz 1982)。情景语码转换是指情景语境的变化,隐喻语码转换是指语言交际效应的变化。经过进一步探究,语码转换可以分为"我们编码"(we code)和"他们编码"(they code),从而分别建构了"内群体"(in-group)身份和"外群体"(out-group)身份(Gumperz 1982)。身份的类别也可以融入协商性话语研究中,民族文化不是孤立的话语领域,而应当与其他社会类别相交叉并被其他社会类别所塑造。因此,处于不同民族群体中的个体归属于不同的身份范畴。研究发现,某些民族群体话语具有较强的协商性,而某些民族话语的协商性则相对较弱(Bhabha 1994)。Doran(2004)通过研究区别于主流法国文化的一种在年轻人中流行的协商话语来探究民族文化身份的建构。他认为协商者在话语交流中具有一定的目的性,这种目的性与其民族文化身份紧密相连。因此,种族、文化、价值观等都会在某种程度上影响其身份建构。

Cameron(2001)等学者则关注协商话语性别身份的建构,将视野聚焦于南非地区,对当地男性的协商话语进行了具体的案例分析,以性别作为身份建构的重要维度之一,重点对比"男性与男性"和"男性与女性"的协商话语。对比研究表明,当地男性与男性在协商过程中,相比于男性与女性,更具有男性霸权。

基于以上研究梳理,我们可以发现,协商话语中的身份建构与社会生活的各个维度紧密相关。在三大研究趋向中,协商话语的社会身份建构研究和民族文化身份建构研究占据较为主导的地位,得到众多学者的多维度探究。协商行为中的性别身份建构研究目前只有较少学者关注,仍有进一步发现和探索的广阔空间。

5.4 协商行为中参与者互动关系的话语建构

在社会实践中,交际参与者为了建立、维护、重建或转变人际关系,所投入或付出的努力被定义为"关系"(Locher & Watts 2008)。完整的关系模式呈现一个动态的过程视角。在这一动态视角中,参与者关系取向、语境因素和交际规约因素三者在一定程度上影响关系框架的构建。

Jungmin & Schallert & Walters(2003)和 Daniels et al.(2012)等学者关注协商行为的参与者关系取向研究。通过分析参与者"幼儿园小孩"与"教师"之间的言语互动,他们探索课堂协商以及协商活动中师生关系的取向。课堂活动大都构筑于师生互动的基础之上,师生协商是重要的课堂活动之一,通过对师生协商话语的研究,可以更为全面地了解师生协商行为中的互动,进而阐明师生关系的建构(Jungmin & Schallert & Walters 2003:243)。也有学者(Daniels et al. 2012)关注协商话语的政治关系取向。在"协商民主"的视域下,各党派之间存在着协商互动,在决策机制、政府体制、治理形式等方面,协商民主都有着丰富的内涵,各党派之间的协商互动是参与者关系构建的基本维度。这受到各党派之间的协商立场、协商表达、协商模式等因素的影响。

Wagner(1997)和 Adier(2002)等学者关注协商话语中语境因素对参与者关系的建构作用。课堂会话参与者的意义协商行为与课堂所具有的规约惯例和社会环境之间存在一定关系,由此可对参与者的协商行为进行更为具体的描述。Wagner(1997)通过对互动过程、互动环境、实际发生的协商性话语进行微观分析发现,大量的意义协商并不意味着必定会产生大量的可理解性输入或语言水平的提高。因此,有必要在协商实际发生的语言环境中去了解参与者之间的互动关系,进而窥见协商意义的表达。同时,参与者的协商关系具有动态连续性。Adair et al.(2004)等学者重点研究在全球化协商性视域下的跨文化因素对参与者关系的建构如何产生影响,中外文化习俗、文化背景、文化知识等因素对参与者关系的建构如何产生影响,以及全球化协商性视野下参与者之间的关系如何受到中外文化环境的影响等。

Curry(2000)和 Wierzbicka(2003)等学者重点探究了协商活动中交际规约因素对参与者关系的构建。从礼貌原则和合作原则的视角可以探究协商话语中参与者的主动性与主观性。参与者通过采取适当的人际语用策略,在一定程度上会影响和决定话语协商的方向。参与者在协商过程中恰当运用礼貌原则和合作原则策略,有助于塑造参与者之间和谐有序的关系,加快协商的力度和效度(Curry 2000)。从这个意义上看,交际失误会在一定程度上影响协商话语中参与者之间的关系塑造。例如,Wierzbicka(2003)的研究表明,不同文化的协商者在交流方式、思维模式、文化传统以及语言习惯方面大相径庭,这可能导致跨文化合作沟通中存在许多障碍,甚至导致失败。

参与者作为协商行为的执行者,是协商行为能否有效完成和实现的重要影响因素。在协商过程中,参与者关系的建构直接关联协商结果。通过以上分析发现,学者们对于参与者关系建构的研究涉及内在因素和外在因素探究。在内在本质关系上,学者们关注参与者关系取向的范畴化探究;在外在关系上,学者们更多关注语境因素和人际规约因素如何影响参与者关系的建构。

5.5 协商行为中知识的话语建构

协商行为中的知识建构与协商行为所要达到的社会交际目的之间存在密切的关联,不同的社会目的决定了不同的知识建构策略和方式。我们以政治、经济和跨文化背景为主要考察要素,分析协商行为中的知识建构。

在政治协商中,协商者的策略和战术的性质会对协商结果有一定影响(Pruitt & Carnevale 1993:178)。Pruitt & Carnevale(1993)、Daniels & Walker(2001)和 Oreskes(2004)等学者的研究表明,多方协商环境对协商结果有一定影响,政治领域的话语协商应当注意三个方面的问题:准确了解协商双方的文化和制度背景;准确了解协商双方的政治立场和利益关系;准确了解协商双方在情感交流方式上存在的差异(Daniels & Walker 2001)。Oreskes(2004)通过分析"联合国气候变化协商会谈",提出可以尝试建立一个普适性的政治协商话语研究框架。

在国际商务贸易协商中,学者们尝试围绕经济业务往来建立具有一定普适性的描述模式。Lampi(1986)、Putnam & Wilson(1990)和 Jensen(2009)等学者发现,在国际商务贸易协商话语中,存在三个非常重要的参数:协商者的角色地位、参与者对所涉及的商业动机的类型和程度的假设、协商日程的描述。经济贸易协商话语可以被视为一种"以交换信息为特征的沟通过程"。经济贸易协商话语显现出三个重要特征:工具目标性(instrumental goals);关系目标性(relational goals);身份目标性(identity goals)(Putnam & Wilson 1990)。Jensen(2009)以经济贸易领域中的46封协商电子邮件文本为语料进行了质化和量化分析,认为商贸协商电子邮件中的知识存在"接触主题协商话语""冲突主题协商话语""贸易进程协商话语""售后协商话语"等四大范畴,在不同的范畴中,协商行为的话语策略也有所不同。

Weiss(1993)和Jeanne(2004)等学者更多关注协商话语中的文化知识建构。通过对发生在美国和加拿大等拥有大量移民的国家和其他少数民族地区的协商行为的分析,可以发现跨文化背景和协商话语之间具有相互作用性。基于对来自法国、俄罗斯、日本、中国香港、巴西等五个不同文化背景的国家和地区的协商者的比较分析,Jeanne(2004)发现文化对协商中共同利益的实现具有影响。当协商双方来自同一文化背景时,协商者的协商效益大大提升;当协商双方来自不同文化背景时,协商者的协商效益将在一定程度上有所降低。

综上所述,协商行为中的知识建构在社会生活的不同领域呈现多向性。在政治领域的协商话语研究注重协商理论模式和框架的构建;在经济领域的协商话语研究偏重于话语本身的语言分析,多将语境等客观因素排除在外;而跨文化背景下的协商行为分析则需要注重多重文化语境对知识建构所产生的影响。

5.6 经济贸易协商话语的案例分析

5.6.1 语料的选取与描写

协商行为在商务活动的日常对话中较为常见,具有较强的普遍性。以下摘选来自经济贸易协商领域的对话,作为我们经贸协商话语分析的案例。该对话涉及Mike和Donna两位参与者。其中,Mike是一位诚实守信的商人,他想要购买一些大屏幕电视机在美国销售。Donna是一位电子商品销售人员,她是Mike的供应商之一。两人就购买事宜进行了协商。

下文我们将基于会话分析的框架,从身份建构、参与者关系建构、知识建构三个方面对该语料进行具体的分析,并从词汇、语法和语篇三个层面展开细化分析。

Negotiating Corporate Possibilities

Mike: Hello, come in! I've been waiting for you.

Donna: Thank you. I'm not late, am I?

Mike: No, no, not at all. It's just that I've been looking forward to meeting you.

Donna: Well, thank you, but it's not all that hard to do, you know. I've been calling your office and sending you proposals, and you've never responded before.

Mike: Ha, ha! Yes, I guess I deserved that. Let me explain, OK? As you probably know I buy from a selected group of suppliers and don't, as a rule, deal with new people.

Donna: Yes, I know that. It's why I've been trying to become one of those suppliers. I hear you're a good man to do business with.

Mike: I'm very old-fashioned. I believe in loyalty. Once I start a sales relationship with someone, I stay with him or her. But if I find out they screwed me over, then I find another supplier.

Donna: That's pretty much what I heard.

Mike: Well, those are my terms. As long as you honor them, we do business. Can you live with that?

Donna: No problem at all. Mike, just give me the chance.

Mike: Very good. That's why you're here. My source for big TV sets overcharged me on the last shipment, so I need someone new. I wanted to meet you to see if we can work together. I think we can.

Donna: I agree.

Mike: Fine, but before you agree, don't you need to know what you're agreeing to?

Donna: I guess you're right. But as you said, you called me here to check me out. I've been doing the same.

Mike: Ha, ha, ha! That's fair. How did I do?

Donna: Quite good, actually. I'm pretty sure you're demanding, but fair and honest. I feel we can work together.

Mike: Good, well, here's what I need from you. Are you ready?

Donna: Shoot!

Mike: Well, I know you work for someone else, but as your client, please, we have to get this straight between us: I'm your client, not your company. As your client, I expect you to be square with me at all times. Can you do that?

Donna: I don't see a problem.

Mike: Good! Do you have any questions?

（蒋磊等 2014:18-19）

5.6.2 经贸协商活动中身份的话语建构

"身份"作为话语研究中的一个重要概念，具有表达"认同"或"同一性"的内涵。同时，身份是一种建构，是一个永远未完成的过程。将身份研究中的"身份"主体细化到各个层次领域，便具有一定的辐射性，涉及社会文化的各个层面。话语的身份建构探究是重要的分析维度之一。下面我们将从词汇语法（Halliday 1978，1994）和语篇两个层面进行细化分析。

从词汇语法出发，我们可以明显范畴化出一些具有社会身份建构意义的词汇。通过分析 Mike 的协商话语资源发现，Mike 在协商交际中会使用一些表示积极情绪的词汇和短语，包括动词、形容词和副词等词汇范畴，如 looking forward to、loyalty、well、fine 等。其中，动词短语 looking forward to 塑造了 Mike 对此次协商的期待情绪；形容词 loyalty 塑造了 Mike 较为严谨和诚实守信的协商情绪；well、fine 等词属于情绪鼓励性副词，有助于塑造 Mike 积极协商的交谈者形象。通过分析 Donna 的协商话语资源发现，Donna 在协商交际中会使用一些积极评价词汇和短语，如 a good man、agree、right、quite good 等。其中，名词短语 a good man 是 Donna 对 Mike 的评价性短语，塑造了 Donna 对 Mike 人品认可的积极态度，是一种鼓励性的协商话语资源。动词 agree 和形容词 right、good 表明 Donna 对 Mike 的话语的赞同，构建了 Donna 积极回应的协商态度和身份。从这一层面可以看出，在此次协商交流中，Mike 更多地构建了积极情绪身份，Donna 则构建了积极评价身份。从小句的类型出发，这个协商对话中存在四种句式：陈述句、祈使句、感叹句和疑问句。这四种句式在 Mike 和 Donna 的话语中的具体分布见表 5.1。

表 5.1　Mike 和 Donna 使用的句子类型对比

	陈述句	祈使句	感叹句	疑问句
Mike	21	1	0	8
Donna	17	0	1	1

从表 5.1 可以看出,在 Mike 的协商话语中,陈述句占比最高,其次是疑问句,最后是祈使句。我们发现,对话中仅存在的唯一一句祈使句"Hello, come in!"来自 Mike。祈使句用以表达某种命令和警告等,这在某种程度上体现了 Mike 的主导性地位。其次,疑问句的使用可以反映话语之中说话者的权势身份。对话中出现的 9 组问句中,8 句来自 Mike,1 句来自 Donna。由此,综合祈使句和疑问句的使用情况,构建了 Mike 的主导性身份。在 Donna 的协商性话语中,陈述句占比最大,远远多于感叹句和疑问句。陈述句更多用以阐释、应答和叙述,这从侧面构建了 Donna 的被动性身份。

在语篇层面,我们可以从话轮转换(turn-taking)的角度进行具体分析。从对话的整体性视角来看,Mike 和 Donna 的话轮占比基本持平。但在篇幅占比中,Mike 的话语篇幅达 30 句,Donna 的话语篇幅达 19 句,Mike 的话语篇幅占比稍重。从话语字符来看,Mike 达 136 个单词,Donna 达 128 个单词,基本持平。在整个对话的交流过程中,双方在行为和思维模式上必然存在着一定的差异,这些差异使得双方在整个协商过程中存在一定冲突。但是,从话语交流的具体实施上看,整个交际对话过程是和谐发展的,这从整体上构建了双方友好协商的互动身份。

5.6.3　经贸协商活动中参与者关系的话语建构

关系是一种社会实践。关系实践是在人际交往过程中出现的、具有特定的人际意义,且引发人际关系评价的一种关系行为。在关系实践中,参与者会根据彼此之间已有的关系情况和当前的关系取向,对所实施的社会行为或交际行为及意义进行参与者关系评价。同时,参与者关系评价也会形成新的社会行为或新的参与者关系。在具体话语交际中,参与者关系评价具有较强的塑造性和表征性。具体可以从词汇语法和语篇两个层面进行探究。

在词汇语法层面,前文的经贸对话中存在一些评价资源。在人际话语交流过程中,评价资源是塑造参与者关系的重要依据。当然,由于人际关系的敏感性特点,关系评价语的出现存在一定的隐蔽性。例如,在 Mike 的话语中,存在 buy from、deal with、overcharge 等关系评价语。动词短语 buy from、deal with 以及动词 overcharge 体现了说话者双方间的买方卖方关系,这构建了 Mike 作为"买方"参与者的存在。在 Donna 的话语中,存在名词 suppliers 和动词短语 do business with 等关系评价语,这也在一定程度上体现了 Mike 和 Donna 之间的买方和卖方关系。结合具体的话语语境和话语含义,这些关系评价语构建了 Donna 作为"卖方"参与者的身份。因此,在此次经济协商对话中,Mike 作为买方和 Donna 作为卖方构成基本层次的买卖参与者关系。

另外,我们也可以从情态资源的使用方面对参与者双方之间的关系进行分析。首先我们分别观察 Mike 和 Donna 的情态词使用情况。Mike 使用过的情态动词有 probably(1次),can(3次),need(1次),have to(1次)等;Donna 使用的情态动词只有 can,且在文中只出现了1次。从情态词的使用情况来看,Mike 情态词的频率更高,使用的情态词既有属于高值情态的 have to,也有属于低值情态的 probably、can、need 等;对比而言,Donna 只使用了低值情态词 can。情态词的使用体现了参与者之间互动性的强弱关系。在协商性话语中存在着协商程度的问题。基于情态词的使用情况,我们发现该对话体现了 Mike 作为参与者具有更强的强制性,而 Donna 作为参与者具有更强的协商性。

在信息交换层面,我们可以从小句的基本类型上对参与者双方的关系进行探析。我们发现,Mike 的话语基本呈现为"陈述句+陈述句"或者"陈述句+疑问句"模式,具有明显的询问性特征;而 Donna 的话语基本呈现为"陈述句+陈述句"模式,具有更强的阐释性特征。此外,从语篇组织上看,Donna 擅长使用缓和性话语来进行话语的衔接,如"Well, thank you""Yes, I know that"等。缓和性话语属于话语标记的一种,本身并无确切的实际意义,但是具有重要的话语衔接性意义。从这一层面分析,我们发现,参与者 Mike 属于询问协商型参与者,而 Donna 属于阐释协商型参与者。

5.6.4　经贸协商活动中身份目标性和关系目标性的话语建构

知识是话语谈论的焦点所在。如前文所言,经贸协商话语对知识的建构有三个突出特征,其中包括身份目标性和关系目标性。要进一步揭示这类知识的建构机制,首先我们需要了解协商话语的本质。实际上,在协商话语中,话语的本质是冲突性的。也就是说,交际双方的冲突性是协商性话语产生的缘由。黄一丹(2019)将话语冲突模式进行了基本层次范畴化,分为交际常规冲突类型和交际失序冲突类型。其中,交际常规冲突类型可进一步分为主导型冲突模式和替换型冲突模式。基于这一理解,我们可以对上文的协商对话进行词汇语法层面和语篇层面的冲突性探析。

在对话中,我们可以发现,Mike 擅长使用 hello、OK、well、very good、fine 等礼貌性词汇。相应地,在 Donna 的话语中,礼貌性词汇如 thank you、yes、quite good 等也存在一定的出现频率。从这一层面来看,归属于同一文化背景的 Mike 和 Donna 在社会基本礼仪方面不存在明显的文化差异和文化冲突性。因此,我们初步将该对话归属为交际常规冲突性协商话语。另外,话语标记语具有一定的阐释作用。目前,学界对话语标记语的定义尚未达成一致,但在功能使用上已经形成一定的共识,均认为话语标记语是动态的、变化的,主要发挥特定的话语交际功能。在对话中,"Ha,ha!"等话语标记语总共出现 2 次,均来自 Mike 的话语。我们可以将此类话语标记语视为引发语前导行为中的话语标记语,其目的是通过这种近似无意识的言语使用来占据话轮,表达自己希望交际但正在思考发言内容的内心活动。这体现了 Mike 作为主导型冲突模式的主导者存在。基于这一分析,我们可以将该对话归属为主导型冲突模式协商性话语。

在语篇层面,我们可以发现,Mike 和 Donna 话语中人称代词作为主位出现的频率远远高于其他词汇,其具体分布如表 5.2 所示。

表 5.2 Mike 和 Donna 话语中人称代词作为主位的频次对比

	I	You	It	That	Those	We
Mike	14	8	1	1	1	1
Donna	8	3	2	1	0	0

根据 Halliday(1994:38)的理论,主位可以定义为"信息的出发点"或"信息的起点"。人称代词体现交际的意向性和互动性。从对话中人称代词作为主位出现的情况来看,在 Mike 的话语中,人称代词 I 和 you 出现的频率明显高于 Donna 的话语。人称代词 I 体现了说话人的主动性,人称代词 you 体现了说话人的互动性。从这一层面来看,参与者 Mike 具有更强的主动性和互动性,处于主导性地位。因此,从语篇层面分析,Mike 和 Donna 之间的协商行为仍然属于主导型冲突模式协商性话语。

基于上述分析,我们从话语的身份建构、参与者关系建构和知识建构三维视角对这则经贸协商话语进行了分析。通过词汇语法层和语篇层的探析,我们发现,在身份建构层面,Mike 和 Donna 建构了双方友好协商的互动身份。Mike 建构了积极情绪身份,具有更强的主导性;Donna 建构了积极评价身份,被动性更强。在参与者关系建构层面,Mike 和 Donna 构成基本层次的买卖参与者关系。参与者 Mike 属于询问协商型参与者,具有更强的强制性;而 Donna 属于阐释协商型参与者,具有更强的协商性。在知识建构层面,该则对话属于以 Mike 为主导的交际常规冲突性话语。

在协商行为中,话语分析不但能帮助协商双方建构世界,而且也能帮助建构参与者个人的身份,将双方身份进行联系与区别,并将之定位在具有时空连续性的社会活动之中。详尽的描写与细节呈现是其优势。参与者在话语活动中如何处理身份问题是话语分析视角下身份建构研究的主题之一。需要强调的是,从融合社会建构与话语分析的角度解决身份问题指的是参与者积极主动地参与到定位自我身份的关系互动过程中。通过使用话语手段,参与者可多次重复性建构个人身份,充分表现出身份建构的社会性与关系性层面。

5.7 结语

综上所述,话语能够帮助社会建构理论进一步揭示协商活动中身份、互动及主题的研究,提醒人们应该培养批评意识,认识到个人与他人的身份不是先在的和固定不变的,而是特定的历史和文化互动中的产物,是话语建构的结果,是随着社会的变化而变化的。任何社会行为都必不可少地包含三个要素:参与者、过程和结果。因此,社会认知领域对社会行为的研究聚焦之处即为参与者的身份,该社会行为的过程以及可能的结果。对于协商行为,我们从话语对身份的建构、参与者之间的互动与知识出发,试图对协商性社会行为进行分析和解读,旨在为相关领域的研究提供新的研究视角与思路。

协商作为一种社会行为,协商双方要如何通过显性或隐性的话语策略建构与保持个人身份、提高交际互动成功率,如何更高效地传达交际主旨和内容,前文的分析已为我们提供了翔实的例子。从协商双方的互动来看,互动是交际双方互相作用的过程,话语是交换的方式,即为了使构成社会系统的意义在社会成员中实现交换,意义首先被表征为一些可供交流的符号形式,而其中最可能的形式即为语言,所以意义在语义系统中被编码,被赋予话语的形式。

第六章 求助行为中的身份、关系与知识建构
——以仪式求助为例

6.1 引言

求助作为社会行为已经渗透到各学科的研究领域。因而,关于求助的界定呈现多样化趋势。广义上,该行为泛指个人向他人请求帮助的行为,如寻求建议或某种支援(Lee 1997)。在心理学中,求助作为心理咨询领域中的个体心理求助行为(help-seeking)进入研究视野。江光荣、夏勉(2006:891)将求助行为界定为客观上的心理困扰者为了解决自身心理问题、困扰或痛苦,向其本人之外的专业或非专业人员或力量寻求帮助的行为。在工作场合或组织中,求助行为是指具有工作关系的工作人员向其上下级的同事求得帮助,以期解决其自身问题的人际互动的过程(Bamberger 2009)。通常来说,求助行为的研究包括:求助者所求助的内容,即其困扰或问题;求助行为中互动的两个主体,即求助者和帮助者;求助者寻求解决问题的行动,即求助行动(毛畅果、孙健敏 2011)。

求助行为研究和对语言使用中请求(request)的研究往往产生重合,因而对求助行为的研究被纳入请求的研究领域。请求作为言语行为(Austin 1962;Searle 1969),经常出现于各类社会活动中,它具有社会和符号双重属性(Curl & Drew 2008;李芳 2020),即请求者通过各种(语言或非语言)方式或途径,使得其他人为其做事,或者借此得到来自其他人的帮助(于国栋 2019)。更多的学者研究互动中的请求,如家庭互动(Bruner 1975;Ochs & Schieffelin 1979,1983)、心理治疗互动(Labov & Fanshel 1977)、微观互动(Wootton 1981)、招募研究(Floyd et al. 2016;Kendrick & Drew 2016;李芳 2020)、伤面子行为(于国栋 2019),等等。但求助话语研究除了语言使用和互动研究之外,还涉

及叙事研究等其他领域。同时,求助行为也常常和媒体媒介之间产生关联,如媒体求助行为,包括微博求助报道(连昕萌 2017)、网络求助(李京丽 2016)、公益电视节目求助(郑昕彤 2020)等,并且呈现学科融合趋势,如心理治疗和咨询领域中的话语求助研究。我们拟采纳求助行为的广义界定,综述社会认知相关研究领域有关求助行为的研究,侧重分析求助活动中的身份建构、关系建构和主题内容建构,特别探讨仪式求助话语中的祈福话语。

6.2 社会认知领域对求助行为的研究

求助作为心理行为或社会行为的研究视角渗透至多个社会科学研究领域。心理学中的求助研究关注心理困扰者或障碍者的求助,其研究侧重于探索心理障碍者寻求帮助的阻碍因素,主要涵盖:(1)人口性别因素影响,如男性和女性求助者的求助意愿差别(Flisher et al. 2002);(2)社会和文化因素的影响,如经济条件、心理观念、偏见、价值观等;(3)心理因素影响,如对心理治疗和求助的恐惧等(余晓敏 2004;江光荣、夏勉 2006)。此外,还有一些涉及特定族群或人群的求助研究,如针对少数族群和其他族群的比较、求助倾向、求助所遇到的阻碍和实际问题,侧重研究求助中的文化因素(Leong & Lau 2001;Kung 2004;江光荣、夏勉 2006)。这些研究的目的是改进心理咨询工作者的服务,更专业地帮助心理咨询者和求助者。

还有一些研究涉及特定场合的求助行为,如工作组织中的求助研究。依据求助的目的,即求助者本身是否依赖自己或他人,或是否关注问题的解决过程,可以将求助行为分为自主型求助、依赖型求助、回避型求助,其中自主型求助被视为较为理想的求助类型(Nadler 1998);基于求助的内容和性质,可分为工具型(其求助内容具有物质形式,如物资、物件)、信息型(其内容既可以是有形物质,也可以是抽象资源)、情感型求助(Bamberger 2009);基于工作场合中的求助者身份,即求助者和施助者在工作组织中的层级关系,可以将其分为自下而上型求助、平行型求助、自上而下型求助(Lee 2002)。毛畅果、孙健敏(2011)综合前人研究,探讨了工作组织中各个要素对求助行为的影响。这些影响要素主要包括求助者个体因素,如性别、动机和情景因素,即求助内容、施助者、求助情境,如求助内容的急迫性,施助者的身份、能力、被回馈的可能性,个体主义和集体主义的求助情景等。

还有学者(王思斌 2001)从社会制度、结构、文化方面探究了社会工作中的求助关系,对其特征进行概括和探究,并从社会文化入手,揭示社会工作中求助关系的利他性的本质特征。通过比较中国和外国社会工作制度和文化的不同研究导致不同国家求助关系存在差异的原因。例如,国外社会工作受西方基督教文化和西方社会福利制度等方面影响,而中国社会工作以儒家文化和社会主义制度为导向,因而其求助关系和结构存在差异。这一点进而影响了中国社会求助关系的结构,即中国社会助人或求助系统涵盖民间系统和官方系统,即基于家族成员为主的自助和互助民间系统,如家庭、邻里、亲友,以及以工作单位为主或政府为主的官方系统,如单位帮助、社会救助等。

总之,在社会认知学科中,对求助行为的研究较为广泛,侧重探讨社会文化因素对求助行为的影响,涵盖求助者和施助者的身份、社会关系及其根源等各个方面。其研究范式大都是从整体上探讨求助行为的各种社会和心理因素,从而进一步诠释社会关系结构、社会福利制度等。

6.3 话语分析视域下的仪式求助行为研究

由于社会科学领域"语言转向"和语言使用中的"语言互动"倾向的影响,社会科学中的求助研究也体现了这种转向,即各个人文学科领域中融合了语言或话语的研究视角,如民俗学、宗教学、文学、语言学等领域的跨学科视角融合,这种融合体现在求助作为仪式的研究视角中。部分考古学学者认为仪式是人类行为的形式,具有物质痕迹,而宗教属于更为抽象的符号系统,该系统由信念、神话、信条学说所构成,这两者是一种双向关系,即通过仪式中的元素能够推断其信念系统,社会中的神话知识也能用于仪式研究。

仪式能够促进符号意义以某种形式被大众理解,仪式是行动中的宗教,能够达成宗教所设定的内容和目标,因而从这个角度而言,仪式是由宗教信念形成的人类行为形式,如同宗教一样在时间上具有相对稳定性。正是由于这种相对稳定性,仪式或宗教都能够作为保存并维持社会信息的一种方式(Wallace 1966;Fogelin 2007)。宗教仪式特征可以总结为:形式化、传统性、不变性、规则支配性、神圣符号性和表演性(Bell 1997)。仪式化促进权力关系的发展,仪式对主流社会秩序的建立和挑战成为学者们关注的内容(Fogelin 2006;Inomata 2006)。

在这种将求助作为仪式的跨学科视角融合下,其研究范围延伸至宗教仪式中的话语,如祷告(prayers)、祈福(benedictions)等。由于求助话语和仪式中祷告、祈福话语都具有求助者向施助者请求给予帮助或祝福等含义,因而,仪式中的祷告、祈福等话语,也可以视为求助话语的延伸,属于求助话语的子类别。王毓红(2015)研究了《忏悔录》中的祈祷话语,结合文学、叙述等理论,探讨祈祷行为的基本要素,即祈祷者、祈祷对象、祈祷话语。作者结合《忏悔录》的具体祈祷话语语料,指出祈祷者(我)作为叙述者和被叙者的指称对象双重性;归纳了三种(我/我们/最主要人物,你/上帝,他/上帝/人物名字)叙述视点;总结了四种祷告基本形态,即陈述式、呼唤式、祈求式、疑问式,和三种对话模式,即我—上帝,我/我们—她/他/人名,他/她/人名—上帝,以及叙述者(我)和虚构他人或自我之间的交叉独白。这些祈祷话语方式体现了《忏悔录》中所构建的自我认识和自我身份,即,上帝作为存在者、神明、裁判,而叙述者(我)作为上帝的赞美者、思考者、疑问者、自我发现者、忏悔者、被救赎者、自我反观者。

由于仪式中的符号是物质事物,意识形态通过物体被物质化,因而,仪式和符号象征的关系也受到学者们的关注(Robb 1998,1999;Fogelin 2007)。由于仪式物质化(仪式是物质化意识形态的形式)的特点,它也容易成为统治精英所控制或操纵的对象,如限制仪式中符号化物体的使用权力,或是改变物质符号的潜在意义。尤为重要的是对仪式的研究不仅局限于宗教研究的范畴,也延伸至其他领域,如政治仪式(Cannadine & Price 1987;Kertzer 1988;唐莉莉 2012;杨丹宁 2019)、日常生活仪式(Cheater 1991)等等。仪式从当地的、非正式的、边缘化的衍生成公众化的、高度组织化的,其相关社会环境也随之变化(Bradley 2005)。这就意味着研究焦点不仅限于宗教仪式中的求助话语(祈福、祈祷等),同时也延伸至政治仪式等话语中。

下文我们将探讨仪式中的求助话语(祈祷、祈福等),以及其中身份、参与者关系、主题内容的话语建构策略和方式。

6.4 仪式求助行为中身份的话语建构

仪式中的求助话语研究最广泛的领域之一是关于语言和宗教作为身份认同标记的功能和作用(Darquennes & Vandenbussche 2011;Mukherjee 2013;

Omoniyi & Fishman 2006;Souza 2016)。通常宗教身份认同由四个部分组成:(1)亲和性和归属感;(2)行为与实践;(3)信念和价值;(4)宗教和精神经验(Hemming & Madge 2011:40)。据此,宗教身份和个体、宗教传统的身份认同相关,例如个体如何标识自我,多长时间出席一次宗教礼拜场所,信仰什么,如何表达其信仰,等等(Souza 2016)。学者们也关注宗教实践活动对身份的维持和发展的影响。例如,苏格兰的立陶宛移民在早期形成的宗教文化和身份认同,在其移民后代中逐渐呈现世俗化的倾向(Dzialtuvaite 2006)。

在仪式求助行为中,祈祷和祈福话语的研究较多地涉及身份的建构。例如,Chruszczewski(2006)将祈祷视为具有高度互文性的文本,并对犹太教的赐福语进行较深入的探究,认为话语社区或话语族群的特殊话语形式是形成该话语社区的关键因素。Chruszczewski(2002,2003,2006)的研究认同并发展了 Hasan(1978)将话语作为社会事件的观点,他基于对犹太宗教祈祷的研究,将祈祷和祈福语视为社会事件,并延续了语境嵌入的三个子类别(语境、社会和文化的嵌入)。此外,Jonquière(2007)分析了 Josephus 的犹太语和希腊文原本《古犹太史》(*Antiquitates Judaicae*)中的祈祷,指出祈祷是人类向造物主祷告的话语,不属于日常谈话的范畴,它通常涉及第二人称,有时也涉及第三人称。祷告者通常表达对上帝的依赖性,认为上帝与其密切相关,能够改变事物并将其归结为事情发生的原因,因而会祈求上帝帮其做事,也会表达焦虑、害怕、生气和感激等。在祈求帮助时通常会期待回应(言语、行动方面),期待被赐予更多的利益。Jonquière(2007)进一步指出,在《古犹太史》中,作者将上帝视为不同的角色身份,分别是:(1)上帝作为起源(God as Origin),如创世者、圣父、至高神(Theos)、灵魂(Pneuma);(2)上帝作为统治者(Ruler),如主宰者(Master)、国王、见证者和裁判、掌权者、发怒者;(3)上帝作为庇护者,如供给一切的圣者(Providence),涵盖了保护者、帮助者、同盟者;(4)上帝的其他属性,如仁慈、怜悯。请见例1。

例1

(1)And Mordecai made the people fast according to Esther's orders and he himself besought God not to overlook his people now that they were threatened with destruction, but like he often before took care of them and forgave their sins, to rescue them now as well from the proclaimed destruction.

第六章　求助行为中的身份、关系与知识建构——以仪式求助为例

(2) For he said that they were running the risk of dying inglorious not because they did anything wrong, but—for He himself knew the cause of Haman's anger—"because I did not prostrate myself, Lord," he said, "nor could I bring myself to give him this honour which I gave you, for he is angry and has organised these things because we do not transgress your laws."

(3) And the multitude sent forth the same cry, calling upon God to provide their safety and to rescue the Israelites in the whole country from the impending disaster, for they had it before their eyes and were awaiting it.

(4) And Esther besought God as well in the manner of the ancestral law, throwing herself to the ground and putting on mourning clothes and refraining from food, drink and pleasant things.

(5) She asked God for three days to have pity on her and, when she was seen by the king, to make her seem persuasive when pleading and to make her body more beautiful than before; in order that she could ward off the anger with both if the king would be angered by her in any way; and in order that she might function as a spokesperson of her countrymen in utter distress; and [she asked] that the king would feel hatred for the enemies of the Jews and for the ones who would bring about their future destruction, if they would be neglected by him.

　　　　　　　　　　　Mordecai (AJ 11.229-230) (Jonquière 2007: 238)

例1中这个祷告展示了上帝和犹太人之间的身份和关系,通过语言奉承上帝,称赞其全知全能,并指出了上帝对人类持续的关照。很多祷告仪式中都会使用这种方式,因其涉及有关上帝神圣旨意的教义(providence doctrine)。尤其需要指出的是,这个祷告指出人们遇到诸多问题和危机的关键,不是因其本身违法犯规,而是由于缺乏对上帝长期的信奉,如句(2)中的"because we do not transgress your laws",因而上帝必须予以他们帮助和援手。这个祈祷的隐含思想是犹太人按照戒律行事,能够依赖上帝获得帮助。这里通过祷告将上帝和祷告者之间的关系刻画为庇护者和被庇护者的关系,其二者之间的权力关系不再如同统治者和被统治者那样不平衡,而是相对缓和的庇护关系。

6.5 仪式求助行为中参与者关系的话语建构

除了上述宗教仪式中祷告求助话语的身份建构研究,还有涉及仪式话语中参与者关系建构的研究。其中,Cummins(2018)的联合话语(joint speech)视角将祷告话语研究做了更深入的推进,将念诵经文视为仪式化祈祷的延伸形式。该研究将仪式中的祷告求助话语视为联合话语的范畴。联合话语是指两个或更多人同时发出同样的话语,这些话语不仅包含了话语、歌颂,也涵盖介于这两者间的话语表达。需要指出的是,这个话语内容不具有新闻价值,并带有重复性(Cummins 2018:8-13)。祈祷占据其中很大的部分,这里的祈祷主要是指集体祈祷,涵盖了礼拜仪式和宗教仪式(不包含个人无声祷告等),如天主教的玫瑰经文念诵。这类经文的念诵祈祷包括两个部分,前半部分是领导者或领诵者单独诵读,后半部分是所有出席人员的应答。有些祈祷文是呼唤—回应(call and response)的形式。呼唤—回应的部分会由祈祷者交替念诵。领诵者会按照经文章节进行有组织的轮替安排,因而整个读诵是具有复杂等级层次性的结构。Cummins(2018:2-3)指出,这些祈祷具有显著的韵律特征和音乐性,单词的发音具有不同于唱歌和对话的轻快顿挫的旋律;参与者对这个宗教活动十分熟悉,当大家同时言语时,会产生声响上的模糊,个体的言语基本不能辨别。作为听众信徒的参与者的言语同步性较为松散。因此,联合话语中没有严格意义上的说话者和听话者的区分,所有参与者实际上都在话语之中。请看例2的语料。

例2
Now Child of God, this ought to get you happy right here
Because if you don't know anything else about God, you ought to know
Before you leave this sanctuary today, that your God,
my God, our God, is faithful [yeah]
That means he's steadfast [yeah]
That means he's dependable [yeah]
That means we can count on him [yeah]

I need two or three folk in the sanctuary

Two or three folk in the worship center

To help me witness to somebody around ya

Who may be on the fence about the faithfulness of our God

I need you to help me testify

Our God is faithful [yeah]

If you read Jeremiah's version of Lamentations, Verse Chapter 3 Verse 22

You will hear Jeremiah say it is of the Lord's mercies [yeah]

That we are not consumed for his compassion fails not

They are new every morning

Great. Is. Thy. [Name.]

Y'all know something about the faithfulness of God…

Priest (after a long and complex prayer of supplication): "Lord, hear us."

All: "Lord graciously hear us." / "Can I get an Amen?"

At a rally we might hear Leader (after outlining a plan of action): "Are you with me?"

All: "Yeah!"

(Cummins 2018: 22)

例2这类经文念诵祷告属于联合话语,也属于集体祷告或赞美诗(chants),其通常形式是呼唤—回应,呼唤方通常是一个小组或领导者。在这类集体祷告和布道中,牧师扮演领导者的角色,布道过程中伴随着信徒们yeah的回应,因而其关系属于领导者和被领导的回应者关系。这种参与者之间的关系导致其话语行为上有所不同。呼唤方和群众回应方的职责划分建构了较复杂的话语行为。听众或信徒们的回应也被称为泛化同意(generalized assent),如amen、aymen等。通过这种同意标志或回应方式,呼唤者和听众信徒能够基于共同目的,以对话的、来回往复的方式,共同参与一个集体行为。随之而来的是一系列求助话语变体的产生,如在礼拜仪式中的集体赞同会产生一个二分的公式化表达,如上文中的"Lord, hear us." "Lord graciously hear us."在上述祷告文中,领导者或布道者将听众的声音融入其即时话语中,并将其纳入自己的语言中,领导者说话之后,听众就适时参与对话,如"Great. Is. Thy.[Name]."绝大多数这样的祷告是异口同声说出来的,这就要求参与者们对祷告词非常熟悉。因而这些祷告词通常是固定经典的,简洁易记。太精细或复杂的表达不能让仪式出席者或整个集体都参与其中,而类似 amen 这样的表达却能使集体成员都参与整个礼拜仪式,通过这种方式,参与者关系得以建构。

6.6 仪式求助行为中知识的话语建构

仪式求助话语中的知识建构,主要涉及两个方面:语言社会化和语言教育中的内容知识建构。学者们通过研究个体在特定组群中的社会互动,发现个体如何以有效且适当的方式学习交流,以及如何有效进行知识建构。这其中涉及语言的社会化(language socialisation)。换而言之,个体参与了语言作为中介的互动,这种参与使其能够学习文化知识和使用语言。这也意味着个体学习以社会认可的方式共同建构意义的社会语境,以及参与相关文化的意义生成活动(Schieffelin & Ochs 1986;Garrett & Baquedano-López 2002:342;Souza 2016:199)。在这个视角下,信仰教育被视作一种宗教的社会化,语言实践使得儿童能够掌握社会化的必要技能,以及学习其宗教中所倡导的行为(Baquedano-López 2008)。有学者(Souza 2016)研究了加利福尼亚的墨西哥移民儿童在天主教教育的祷告中是如何诵读的,并分析了其忏悔祷告。研究发现,儿童们在学习忏悔祷告的过程中,为参与宗教仪式的祷告实践而做准备。儿童通过阅读、写作、翻译、比较宗教文本、背诵等方式,社会化地融入忏悔仪式中的行为、宗教语言、文化等。宗教的社会化还涉及信仰识读(faith literacies)、语言规划和政策以及语言教学中的信仰植入等诸多方面。这里的重点是信仰识读研究,它和宗教知识以及相关知识的传播和建构尤为密切。信仰识读被界定为实践活动,涉及书面文本阅读、口语文本使用等。这里的口语文本指关于信仰的讨论、和神的互动,或是和信仰社群成员之间的互动等。同时,信仰识读也包括宗教的、地理的、历史的知识。学者们研究了文学课堂中教师如何通过讲解宗教知识来培养学生的识读能力(Gregory et al. 2013;Skerrett 2014;Rosowsky 2013)。

概括来说,仪式求助话语中知识的建构主要围绕着文化内容的建构展开。

在国内的相关研究中,赵冬(2019)对比分析了 1371 年(明太祖洪武四年)和 2017 年的黄帝祭祀文,分析了不同时期的黄帝祭文中的文化认同,探讨其话语建构的机制。其研究延续了 Geertz(1973)的观点,即文化是话语建构的意义系统,并在此基础上提出黄帝公祭文本属于历史叙事,通过话语建构了不同时代的价值观和文化认同。因而其知识内容的建构也主要围绕文化和价值观展开。例 3 和例 4 表明,和传统封建社会的官方祭祀不同,当代的黄帝祭祀主要是官民共同祭祀。

例 3

明太祖洪武四年(1371 年)祭文:

(1)皇帝谨遣中书管勾甘,敢昭告于黄帝轩辕氏:朕生后世,为民于草野之间。(2)当有元失驭,天下纷纭,乃乘群雄大乱之秋,集众用武。(3)荷皇天后土眷佑,遂平暴乱,以有天下,主宰庶民,今已四年矣。(4)君生上古,继天立极,作□民主,神功圣德,垂法至今。(5)朕兴百神之祀,考君陵墓于此,然相去年岁极远;(6)观经典所载,虽切慕于心,奈禀生之愚,时有古今,民俗亦异。(7)仰惟圣神,万世所法,特遣官奠祀修陵,圣灵不昧,其鉴纳焉!尚飨!

(http://www.china.com.cn/aboutchina/zhuanti/lddw/2007-10/16/content_9063306.htm)

例 4

丁酉年(2017 年)黄帝故里拜祖大典拜祖文:

维公元 2017 年 3 月 30 日,岁次丁酉,三月初三。具茨山下,溱水河畔,中华始祖轩辕黄帝故里故都,全球炎黄子孙,以庄严神圣之心,拜祖敬宗。中华炎黄文化研究会会长许嘉璐,谨代表亿万炎黄苗裔,肃手恭拜,敬颂我人文始祖轩辕黄帝功德。

辞曰:

(1)中华文明,浩浩荡荡。(2)我祖勋德,光被八方。

(3)启迪蒙昧,开辟蛮荒。(4)伟烈丰功,恩泽流芳。

(5)教民耕牧,莳谷树桑。(6)婚丧有礼,历数岐黄。

(7)始作舟车,初制度量。(8)举贤任能,整纪肃纲。

(9)修德怀远,封土辟疆。(10)肇现一统,和合共襄。

(11)薪火相传,历尽沧桑。(12)筚路维艰,多难兴邦。
(13)风火水旱,遇挫而强。(14)万载积薪,后来居上。
(15)千秋风流,共赋华章。(16)天下为公,民本为纲。
(17)振兴中华,共圆梦想。(18)与时俱进,视野无疆。
(19)自尊自觉,自信自强。(20)传承创新,博采众长。
(21)追古励今,再造辉煌。(22)苗裔绵绵,举欣同光。
(23)昆仑巍峨,江河浩瀚。(24)先祖垂宪,黾勉前贤。
(25)浩浩九州,大河之南。(26)秣马执辔,崛起中原。
(27)我胸宽博,我思悠远。(28)日日维新,岁岁登攀。
(29)两岸四地,荣辱相关。(30)亿兆同胞,血脉相连。
(31)和而不同,君子择善。(32)崇尚和合,融于自然。
(33)炎黄子孙,敢为人先。(34)中华复兴,四海同欢。
(35)和平崛起,不辞万难。(36)匍匐而进,足胝手胼。
(37)厚德载物,至诚至善。(38)不卑不亢,礼仪在先。
(39)一带一路,文明互鉴。(40)合作共赢,多手相牵。
(41)极目天地,时时前瞻。(42)龙脉永续,日月经天。
(43)谨此敬告我祖,伏惟尚飨!
(http://www.henan.gov.cn/2019/04-02/741255.html)

综合 Bakhtin(1981)、Somers(1994)和吴宗杰(2012)等人的观点,例3和例4所呈现的不同时期的黄帝祭祀文,体现了其历史意义和当前社会语境的对话,因而这种祭祀话语也是多种话语的杂合,构建了一个意义网络,该网络涵盖了过去和当下社会的核心价值观。经过语篇比较和分析,赵冬(2019)指出,明朝祭祀文既属于历史话语,也涵盖祭祀话语,被称为"御制祝文"。其知识主题主要有以下几个方面:其一,"家国—天下"主题,如(2)和(3)中的"天下""主宰",(3)中的"庶民";其二,"天人合一"主题,赞扬黄帝对国家和百姓的庇佑,如(2)中的"集众用武",(3)中的"皇天后土",(4)中的"君生上古,继天立极";其三,"孝礼"主题,如(5)中"兴百神之祀,考君陵墓于此",(7)中"仰惟圣神",强调黄帝的中华民族祖先和圣神身份,体现对神灵的尊敬,对祖先的追念。

2017年黄帝祭祀文的相关主题则有:其一,黄帝作为中华文化创始者的贡献,如(1)至(12),涉及教育(如"启迪蒙昧""举贤任能""修德怀远")、文明(如"中华文明,浩浩荡荡")、农业(如"教民耕牧,莳谷树桑")、度量(如"初制度量")、制造(如"始作舟车")、医学(如"历数岐黄")等多个方面;其二,近现代中国革命历史,尤其是中国共产党对民族独立、崛起和复兴的贡献,如(13)至(24)中的"风火水旱,遇挫而强""天下为公,民本为纲""振兴中华,共圆梦想""先祖垂宪,黾勉前贤";其三,中原地区发展和中国崛起,如(25)至(28)"浩浩九州,大河之南""秣马执辔,崛起中原";其四,民族团结,如(29)至(32)"两岸四地,荣辱相关""和而不同,君子择善";其五,中国和平崛起的发展道路,如(33)至(41)中的"和平崛起,不辞万难""一带一路,文明互鉴""合作共赢,多手相牵";其六,祭祀祖先并祈祷祖先护佑,如(42)中"龙脉永续,日月经天"、(43)中"敬告我祖,伏惟尚飨"。

6.7 中国祭祀仪式中求助行为的话语建构演变

仪式求助话语在不同社会形态和历史时期具有不同的身份、权力关系、知识内容等方面的建构。由于篇幅和语料的限制,我们延续 Fairclough(1992,1995)的三维分析模式,从词汇(指称、术语)等方面,对封建社会、半殖民半封建社会、中国特色社会主义社会这三个阶段官方祭祀仪式中祈福话语的历史演变和建构进行分析和阐释。这三个社会阶段的划分具体参照的是马克思主义五种社会形态理论(以生产关系类型划分,即原始社会、奴隶社会、封建社会、资本主义社会、共产主义社会)[联共(布)中央特设委员会 1975;中共中央马克思恩格斯列宁斯大林著作编译局 1972/1995;靳辉明 2011]和三种经济形态人类社会关系(以生产力的发展方式划分,即自然经济社会、商品经济社会和产品经济社会)(马克思、恩格斯 1975;罗诗钿 2011),并结合中国国情和社会形态(马敏 1989;杨文圣 2012)。请看例 5、例 6 和例 7。

例 5
公元 1094 年北宋苏轼北岳祈雨祝文:
苏轼于 1093 年至 1094 年间贬官定州知州,在其上任期间开展各方面包括农业、军事的建设,并济民救苦,修葺北岳庙,济民赈灾。这篇北岳祈雨祝文,就体现了苏轼为民奔走,祭祀北岳圣帝,以求得风调雨顺,农田丰收,人民安乐。该文既是为祭祀北岳安天元圣帝而作,又具有祈雨祝文的特征。

北岳祈雨祝文·苏轼

(1)维元祐九年,岁次甲戌,四月壬寅朔,十六日丁巳,端明殿学士兼翰林侍读学士、左朝奉郎、定州路安抚使兼马步军都总管知定州军州及管内劝农使轻车都尉赐紫金鱼袋苏轼,敢以制币茶果清酌之奠,敢昭告于北岳安天元圣帝。(2)都城以北,燕蓟之南,既徂岁而不登,又历时而未雨。(3)公私并竭,农末皆伤。(4)麦将槁而禾未生,民既流而盗不止。(5)丰凶之决,近在浃辰;沟壑之忧,上贻当宁。(6)仰止乔岳,食于朔方。(7)卷舒云霓,呼吸雨雾。(8)若其安视小民之急,何以仰符上帝之仁。(9)轼以短才,谬膺重寄。倘有罪以致旱,宁降罚于微躬。(10)今者得请于朝,斋居以祷。(11)旦夕是望,吁嗟而求。雨我夏田,兼致西成之富;实兹边廪,少宽北顾之忧。(12)拜赐以时,敢忘其报。(13)尚飨。

例6

1937年中共祭黄帝陵文:

1937年清明时节,为了组织共同抗日,形成抗日民族统一战线,国共两党分派代表,共同出席并参与黄帝公祭,分别宣读各自的祭祀文。其中,中国共产党的祭祀文由当时的中华苏维埃共和国临时中央政府主席毛泽东撰写,由林祖涵(林伯渠)宣读,该祭文也被称为中华民族抗日的"出师表"。其文如下:

祭黄帝陵文·毛泽东

(1)赫赫始祖,吾华肇造。(2)胄衍祀绵,岳峨河浩。
(3)聪明睿知,光被遐荒。(4)建此伟业,雄立东方。
(5)世变沧桑,中更蹉跌。(6)越数千年,强邻蔑德。
(7)琉台不守,三韩为墟。(8)辽海燕冀,汉奸何多!
(9)以地事敌,敌欲岂足?(10)人执笞绳,我为奴辱。
(11)懿维我祖,命世之英。(12)涿鹿奋战,区宇以宁。
(13)岂其苗裔,不武如斯。(14)泱泱大国,让其沦胥?
(15)东等不才,剑屦俱奋。(16)万里崎岖,为国效命。
(17)频年苦斗,备历险夷。(18)匈奴未灭,何以家为?
(19)各党各界,团结坚固。(20)不论军民,不分贫富。
(21)民族阵线,救国良方。(22)四万万众,坚决抵抗。
(23)民主共和,改革内政。(24)亿兆一心,战则必胜。

(25)还我河山,卫我国权。(26)此物此志,永矢勿谖。
(27)经武整军,昭告列祖。(28)实鉴临之,皇天后土。
(29)尚飨!
(http://culture.people.com.cn/n/2015/0721/c22219-27336888.html)

例7
2020 庚子公祭黄帝:
2020年清明期间,黄帝视频公祭典礼隆重举行,约三百名海内外炎黄子孙代表出席该视频典礼,共同缅怀先祖黄帝的绵延浩瀚恩德,深切哀悼在新冠肺炎疫情中牺牲的医务工作者和逝去的病患同胞,弘扬抗疫的无畏精神,祈福山河无恙,国泰民安,民族复兴。该祭祀文由时任陕西省省长刘国中恭读,其文如下:

庚子(2020)年清明公祭轩辕黄帝文:
(1)岁次庚子,节届清明;桥山巍丽,松柏翠凝。(2)轩辕胄裔,敦诚敦敬,谨备尊礼,恭祭圣灵。辞曰:
(3)吾祖煌煌,伟烈彰彰,修德备武,泽被遐荒。(4)肇兴社稷,鸿勋远祚千古;教化礼乐,懿范永垂万方。
(5)天地玄黄兮,开来继往;潮流浩荡兮,壮阔轩昂。(6)回首七十载,只争朝夕,奇迹史册彪炳;儿女十四亿,不负韶华,拼搏玉汝于成。(7)不忘初心,恒念人民幸福;牢记使命,追梦民族复兴。(8)坚定自信,制度创新守正;埋头苦干,大道笃定前行。(9)经济腾达,国力坚毅昌盛;隆治安泰,华诞礼赞峥嵘。(10)扫黑除恶,人人交口称颂;深纠四风,求是不骛虚声。(11)大兴机场,聚云鹏于金凤;九天嫦娥,舒广袖于月宫;巡疆碧海,凭国铸之巨舰;破冰极地,看遨雪之双龙。(12)两岸同根同源,大势不可阻挡;港澳繁荣稳定,逆流情法不容。(13)尽锐出战,脱贫攻坚决战决胜;奋力拼搏,全面小康必达必成!

(14)去岁今春,大疫忽起,战恶疠,中央擂鼓誓夺全胜;擎红旗,赤子齐心众志成城。(15)同时间赛跑,举国闻令而动;与病魔较量,白衣执甲逆行。(16)弘人间大爱,八方驰援荆楚;助世界救患,人类命运共同。(17)舍生取大义,烈士捐躯山河咏泣;青峰埋忠骨,英雄恒在气贯长虹。(18)战此疫,泱泱中华核心一统;胜此疫,特色道路光耀苍穹。

(19)追赶超越催人奋进,五个扎实重任在肩;三秦故土大风雄唱,铿锵激荡沃野桑田。(20)稳增长总量跃升,惠民生百姓欢颜。(21)占高点创新驱动,施全力三大攻坚。(22)放管服降本增效,长安号捷报频传。(23)防病毒守土援鄂,卫京畿镇戍秦关。(24)追缅往昔,秦川古烈多豪迈;砥砺前行,万里风云入壮怀。

(25)巍巍古柏,肃肃祖陵,常念鸿德,永纪丰功。(26)祈吾祖,保中华国泰民康物阜,佑天下和谐互利共生。

(27)大礼告成,伏惟尚飨!
(http://www.sx-dj.gov.cn/a/lgz/20200406/23229.shtml)
附:庚子年清明视频公祭轩辕
(https://v.youku.com/v_show/id_XNDYxODg2MDI1Ng==.html)

上述例5、例6和例7三个祭祀文都涵盖了对先祖或圣神的祭祀,并同时在祭祀文中涵盖了祈请先祖和圣神赐福的内容,因而这三个祭文也归属于祈祷文或祝祷文的范畴,但是其侧重点有所区分,因而其祈请、求助或祈福的比重也不同。在三个祭祀祈福文中,其求助成分所占比重呈现逐步下降的趋势,例5中的求助或祈福成分最多,例6其次,例7居最后。这也说明,原本的封建农业社会中的官方宗教祭祀祈福祝祷话语,经过半殖民地半封建社会的祝祷、祭祀、政治仪式话语的杂糅过渡阶段,逐步向社会主义建设中的公共政治仪式祭祀话语演变,具体呈现出求助祈福—祈福宣扬—歌颂宣扬的连续转换过程。

例5、例6和例7的知识建构主要围绕三个方面的活动展开:抗旱活动—抗日活动—抗疫活动。围绕这三个不同主题,参与者关系和身份也产生变化。仪式中的参与者关系,从原本的代表皇权和百姓的官员—先祖/圣神—自然(气候)和社会(农业)的关系,经过政府官员—先祖/圣神—社会(民族革命)过渡,转变为国家政府官员和群众代表—人民群众(通过视频直播参与)—先祖/圣神—社会(国家建设)的关系。仪式中的参与者身份或权力关系也发生变化。例5中祭祀官员对先祖/圣神、自然和社会(农业)的全然仰赖和依靠,体现了先祖/圣神、自然和社会(农业)的支配主导地位,而官员与其所代表的皇权和百姓处于被支配的地位。

在例6中,所祈福对象和内容是先祖/圣神和社会(民族革命),主要涉及民族团结和抗日救亡,作为祈福者的政府官员除了对先祖/圣神祈福祭祀之外,还弘扬了政治军事方面的民主革命路线,这也意味着在这个时期,祈福者

第六章　求助行为中的身份、关系与知识建构——以仪式求助为例

没有完全仰赖先祖/圣神祛恶赐福,而是号召民族自强自救,党派团结和群众参与,先祖/神圣的支配地位下降,同时祈福者的地位提升,两者间的不平等关系缓和。该话语也显示了祈福者认为能够通过自身努力和团结救亡运动,从而使社会民族革命得以成功,这意味着社会(革命)本身不再是需要过分借助外力(如圣神力量)而完成的,也说明祈福者和社会(革命)之间的权力关系也趋于平衡。因而,这个时期其参与者关系体现的是祈福者、先祖/神圣、社会(民族革命)这三者的相对平衡。

与例5和例6不同,例7中多了通过视频参与的人民群众,所祈福的对象和内容是先祖/圣神和社会(国家建设),社会建设涵盖农业、工业、商业、科技等各个方面。此时期祭祀话语中求助和祈福的内容已经不占据主要地位,对黄帝精神的歌颂、追怀和祈福较先前时期的祭文在篇幅上有所缩减。如(2)至(4)"轩辕胄裔,敦诚敦敬……教化礼乐,懿范永垂万方"属于歌颂和缅怀黄帝功绩和恩德的内容,(25)至(27)"巍巍古柏,肃肃祖陵……祈吾祖,保中华国泰民康物阜……伏惟尚飨"是祈求先祖/圣神庇护。回顾70年国家建设成就的内容占据主要篇幅,如(6)至(24)"回首七十载,只争朝夕……砥砺前行,万里风云入壮怀"。其话语中涉及2020年抗击新冠肺炎疫情的实践,如(14)至(18)"去岁今春,大疫忽起,战恶疠……胜此疫,特色道路光耀苍穹"。其祭祀话语体现了国家政府官员对先祖/圣神的仰赖降低,对社会(国家建设)方面的贡献主要仰赖其本身(政府、人民)的努力和作为,如(14)"中央擂鼓誓夺全胜",(19)"追赶超越催人奋进,五个扎实重任在肩"。此时期的祭祀话语更贴近政治仪式话语或新闻媒体话语,其目的是颂扬国家社会建设成果和战"疫"中的英勇无畏精神,因而其祭祀话语的对象不仅是先祖/圣神黄帝,更多的是通过视频参与公祭的人民群众。这意味着人民群众(通过视频直播参与)的地位得到前所未有的提升,成为国家政府官员和社会(国家建设)的仰赖对象之一,即某种程度上国家政府官员和群众代表、人民群众(通过视频直播参与)对社会(国家建设)起到主导作用,先祖/圣神居于从属地位。祭祀仪式中祈福者的身份从宗教祈福仪式中的祈求者,经过中间阶段宗教祭祀者和革命路线弘扬者的杂糅过渡,转变为当代政治仪式公祭典礼中的歌颂者。先祖/圣神作为庇护者、主宰者、统治者,经过中间阶段,转变为创始者、见证者。

上述仪式中的求助话语主要是以祭祀文或祈祷文的形式展开,并围绕"抗旱实践—抗日实践—抗疫实践"三个方面的实践活动展开其主题建构,并呈现求助祈福—祈福宣扬—歌颂宣扬的连续转换过程;参与者关系也按照如下过

程开展,即从皇权和百姓的官员—先祖/神圣—自然(气候)和社会(农业)的关系,经过政府官员—先祖/神圣—社会(民族革命)过渡,转变为国家政府官员和群众代表—人民群众(通过视频直播参与)—先祖/神圣—社会(国家建设)的关系;祭祀仪式中祈福者的身份从宗教祈福仪式中的祈求者,经过宗教祭祀者和革命路线弘扬者的杂糅过渡,转变为当代政治仪式公祭典礼中的歌颂者;先祖/神圣作为庇护者、主宰者、统治者,经过中间阶段,转变为创始者、见证者。一方面,该转变的社会根本原因在于社会性质的变化,即封建社会—半殖民地半封建社会—共产主义社会第一阶段(杨文圣 2012,2018)。另一方面,从话语实践和互动的角度来看,代表这三种实践的话语,即抗旱话语、抗日话语、抗疫话语互相作用或互相联系的结果(Reisigl & Wodak 2001;田海龙 2020),其中很多词语或语体等话语要素被再情景化,从而产生了新话语(赵芃、田海龙 2013),而这种再情景化既有纵向再情景化,也涉及横向再情景化(田海龙 2017),因而其身份和参与者关系也在这种再情景化的过程中不断转换、更新和杂糅。

6.8 结语

本章回顾并总结了社会认知研究领域中主要的求助话语的广义和狭义界定,主要综述了心理学和社会学中求助话语作为心理或社会行为的视角,着重从语言使用和互动中求助作为话语活动的研究视角,研究仪式中的求助话语(如祈福、祈祷话语等)。同时,聚焦仪式求助话语中的身份建构、关系建构和知识建构,选取不同时期黄帝祭祀文为案例,分析了其身份、关系和主题内容建构的演变历程,从学科差异、话语实践和再情景化的角度进行部分解释和探讨。研究表明,从话语层面思考的身份、关系、知识建构,是话语分析所特有的,在其他社会认知研究领域鲜少应用这种精密度较高的话语分析视角进行知识建构的探究,这也部分解释了社会科学领域发生"语言转向"和"互动转向"的必然性。

第七章 批评行为中身份、关系和知识的话语建构

7.1 引言

批评作为一种社会行为广泛存在于各种场合的日常交际中，话语作为与批评行为本身最密切相关的要素与体现形式，在不同机构和场景中有不同的体现，其中包括批评行为参与者和调解者的身份建构、批评行为参与者和调解者之间的关系建构以及这些场景中的专业知识建构。在哲学、社会学和心理学中已有一些关于批评的研究，但这些研究囿于学科范式，没有对实际发生的批评性质的话语做细致研究，而话语分析则借鉴了一定的社会学理论并结合语言学的话语分析方法，对发生在不同场景中的话轮进行分析，更清晰地揭示了批评性质话语中的身份、关系和知识建构。本研究回顾了社会认知视角下对批评的研究，将其与话语分析的研究进行对比，以庭审话语、心理治疗话语和政治话语为例，探讨并总结了话语分析在研究批评性质话语方面的优势。

7.2 社会认知视角下的批评行为研究

哲学对批评的研究多从内省和逻辑论证等角度出发，由哲学家来设想可能会招致批评的事物。因此，哲学学者并不采用实验方法，也不收集和分析数据，更多关注与可能成为潜在被批评者有关的"道德责任"和"道德施事"。该传统可以追溯到亚里士多德时代（Aristotle 2004）。早期哲学对批评的研究集中在定义受批评的标准（Strawson 1962）；近期哲学学者则开始关注批评在人际关系中的作用，将批评视为对其他人恶性的一种自然反应以及调节他人态度和行为的工具（Coates & Tognazzini 2013）。我们可以看到批评本身不再

作为一种具有否定意义的行为出现,哲学学者已经注意到批评在我们的生活中扮演着不可或缺的角色,在日常生活中需要批评那些忽视道德要求的人,并且该行为具有一定教育意义。简言之,当代西方哲学对批评的理论化集中在对道德的探讨,即伦理道德、义务责任和行为后果。

相对而言,心理学方面的研究对人在批评时内心的道德判断进行了实证分析。其研究方法与哲学的逻辑推理大相径庭,多采用定量研究,选择被试者参与不同类型的实验,如问卷、完成任务、设想等方式(Weiner 2006)。尽管心理学研究都是从研究批评参与者的心理状态出发,但其内部的诸多分支对批评的理论化观点有所区别(Malle et al. 2014a,2014b)。心理学研究者往往将实验结果与受试者的情绪联系起来,评估行为的错误程度和许可程度,判定批评行为者的心理状态、意图和行为动机等,同时也会根据施事者的个人特点、情绪体验等来考虑其是否有个人能力来避免批评(Malle et al. 2014a;Alicke 2000;Shaver 1985;Weiner 2006)。此外,还有一些研究者关注当人们反思批评行为时的基本归因失误,如没有考虑到情境因素和批评的行为的整体分布(Weiner 2006)。

社会学相关领域的学者则关注实际发生在生活中集体和社会层面的批评行为。这方面关于批评的研究大致在两个层面展开,即微观社会学分析和宏观社会学分析。前者主要分析个体之间的批评行为,后者则聚焦于政治、文化、历史等层面发生的批评行为。社会学研究方法多采用定性与定量相结合的方式,如访谈、数据建模、民族志观察法等。理论化形式主要有三种:功能主义、冲突理论和符号互动主义(Goffman 2010;Tilly 2008;von Scheve et al. 2016;Nicol 2016;Douglas 1992;Felstiner et al. 1980;Moore 2010;Crofts 2013;Dingwall & Hillier 2015)。从功能主义看,批评是社会调解和控制的工具,以是否影响社会的整体运转为估量标准;从冲突理论看,批评与社会批判和政治危机息息相关,回避批评则被认为是面对公众批评时为保存自己以继续掌权的策略。符号互动的视角则以意义发生为中心,以人与人之间的会话中所赋予物体、行为和概念的意义为基础,进行批评与回避批评的分析。语言学中对批评的话语分析遵循这个路径(Pomerantz 1978;Brown & Levinson 1987;Buttny 1993;Wodak 2006;Kampf 2009)。

7.3 批评行为中身份的话语建构

Pomerantz(1978)认为批评的话轮由对不开心事件的陈述引发,紧随其后的是讨论谁该为该事件负责。被批评一方或者是为该事件承担责任的一方则是引发不开心事件这一行为的施动者。在话轮的前半部分中,不开心事件往往不像讲故事那样体现出所有信息,而是以声明的形式将事件发生的背景和环境等信息留给之后的话轮以探讨责任。当话轮的前半部分没有指出责任者时,在后半部分中,没有指出施动者的"发生"往往被转变为"由施动者实施的行为"。

对行为或事件的描述方式对于理解所发生的事和有罪责的人至关重要(Buttny 1993:18)。因此,话语分析所能提供的线索是修辞策略(Edwards 1997),通过推测动机和原因来建构批评方与责任方身份(Edwards & Potter 1992:103)。具体来说,话语心理分析致力于描述外在世界与内在心理状态之间的关系(Potter & Hepburn 2008:282),包括愿望、意图和个性特点等,将其作为推断事件发生原因和责任方的强大资源(Edwards & Potter 1992)。

在不同的场合中,指责方和责任方的身份建构也有所区别。在关系咨询和夫妻治疗中,往往涉及对情绪和心理状态(Buttny 1993; Edwards 1995, 1999)、父母角色和责任(Garcia & Fischer 2011)、意图(Kurri & Wahlström 2005)的描述。心理治疗语境会影响批评话语的内容。咨询师作为心理治疗领域的专家,通过提问、引导双方讲出隐藏的假设等形式主导话语来建构自身权威。被治疗的双方在回答问题时讲述面临的困难、批评指责对方以及陈述对方该负的责任,并且往往将受到指责的一方建构为第三方的"她/他",这和其他调解话语,如庭审话语有着明显区别。另外,批评的本质在于双方话语对于意义的改变和价值的重新评估,如丈夫回应妻子的批评时会通过降低该批评的重要性和变换用词来减少自身责任,妻子则会对丈夫的辩解进行同样的操作。在这样的话轮持续进行的过程中,调解员需要不断进行调解(Buttny 1990:241-242)。在离婚调解场合中,夫妻双方的身份建构、性别身份分别与各自应该承担的配偶责任和养育子女的责任有强关联性,这源于家庭关系与性别有本质上的联系。夫妻双方对对方的批评都建立在各自对性别的家庭分工模式的理解之上,比如妻子认为承担哺育儿女的责任意味着日常陪伴,丈夫则认为这种责任意味着经济上的承担,这种对家庭中性别身份建构的不一致性便可能导致争吵和批评。而调解员所建构的是调解员身份,这意味着其必须在夫妻纠纷中保持中立立场而不是成为一个判断对错的裁判,其主要目的是通过话语引导夫妻双方呈现出各自隐藏在内心、没有意识到的性别观念定势、期望和沟通方式,以达到调解目的(Garcia & Fischer 2011)。调解员的身份建构与自主性和关联性这两种话语原则密切相关(Kurri & Wahlström 2005)。前者注重夫妻双方的个人权力,如兴趣和个人选择等,后者强调夫妻之间的情感支持、关爱与责任。当夫妻中任何一方出现批评倾向时,调解员要敏感察觉到这种倾向并对其进行消解,将这种批评转移为发出批评一方身上所该承担的责任,即调解员的调解方式要与夫妻双方的批评保持高度一致性,而调解员的任务就是创造出一个情境使夫妻双方的自主性向关联性转移,同时也使男性更加积极地投入婚姻关系的建设中。

在庭审话语中,话语分析更多地呈现出责任方的认知状态,如遗忘(Lynch & Bogen 1996)、不知情(Drew & Heritage 1992a)、情绪和感受(Conley & O'Barr 2005;Matoesian 2001)等。正如 Buttny(1993:5)所言,"一起事件的社会和道德重要性并不能通过身体行为获得全貌,行为责任人的意图和相关历史也是决定其行为的重要因素"。在审讯强奸案嫌疑人的庭审过程中,检察官和辩护律师的身份建构通过双方对女性受害者话语中所涉及的行为和感受等为"犯罪行为许可"提供的线索而展开,如以该受害者与犯罪嫌疑人以往的交集来展现其情绪中对嫌疑人的喜欢和反感(Conley & O'Barr 2005;Drew 1992;Ehrlich 2001;Matoesian 2001)。

在政治话语中,政治家的批评通常具有一定目的,遭受批评的对象与政府制定的政策相关。当出现危机和丑闻时,媒体则建构调解者的身份。对政治话语中的批评进行分析需要了解语言等符号资源、媒体运作方式以及政府机构、政治、历史等相关知识,其中对话语策略的分析占据核心地位(Hansson 2018)。政府官员受到批评时,善于采取借口、道歉、辩解等方式转移公众注意力(Hood 2011),个人或团体也会用语言来说服他人批评或不批评,这种社会行为由多种话语策略的展开来实现,如辩解和合法化、诬陷和定位、否定、强化和减弱等(Hansson 2015,2017,2018)。当社会行为呈现出错误时,实际施动者、行为和原因等会被"再语境化"。官员一般会采取一些转变策略来应对批评(van Leeuwen & Wodak 1999),如剔除不利信息、增加有利信息、重新组织话语序列、替换可能招致批评的行为等;批评发出者则用一些话语策略将批评与被批评者黏合在一起,如省略积极特点、增加政策负面效应的篇幅、重新组织话语序列使事件呈现出被批评者引起的恶果、替换被批评的政策的实际目的而突出那些可以引发批评的言论(Hansson 2018)。另外,官员通过自我批评、转移批评以及对一些不公平现象的显性和隐性的批评,建构其善于理解民众意愿、诉求和有包容心的政客身份(van Dijk 1993a:193)。

在不同的场合中,评判批评者与责任人的第三方(如法官、医生和媒体等)处理批评的方式有所不同。在双方批评白热化的庭审话语中,批评和责任往往在话语中有所暗指,法官和律师会通过仔细追究案件细节来判定双方的责任。庭审时一方所提供的对对方的描述也提供了自己的情绪和动机线索(Locke & Edwards 2003:253)。因此,当说话者形容他人时,同时也自反性地提供自我动机。同样,在处理关系危机时,贬低他人也会引发大家对说话者动机和意图的质疑,如在夫妻话语治疗中,医生通过避免仔细追究事件细节来降低冲突加剧的可能性(Kurri & Wahlström 2005:362)。而在政治话语中,媒体往往通过凸显语境中的部分现实来制造戏剧化效果,从而建构调解者身份。从这个意义上讲,批评方与责任方都在争相利用对自己有利的话语策略来批评对方(Vreese 2012;Entman 1993);同时,与被批评一方政治对立的党派则会利用媒体报道来对其进行再次批评(Castells 2009)。

7.4　批评行为中知识的话语建构

在家庭治疗场景中,最常见的是家庭成员间的互相批评。医生会通过话语来建构心理治疗的专业知识以缓和家庭矛盾,通过替换一些词来使批评变得客观化。例如,当妻子指责丈夫"不能"时,医生将其替换为"没有",因为前者带有批评丈夫没有能力的意味,而后者则强调在特殊场景下没有完成该行为,突出丈夫本来可以做出改变的可能性。当医生面对咨询方中妻子对丈夫的批评时,并不会正面回应这种批评,而是把其批评和辩驳的内容重构为对问题本身的讨论(Friedlander et al. 2000)。由此,医生将来自夫妻的指责视为一种由双方共同制造的矛盾,公平中立地看待双方之间存在的问题,将夫妻双方的批评视作一种各自对引发矛盾的事件的阐释,避免偏向其中一方(Buttny 1990;Davis 1986;Palazzoli et al. 1980;Stancombe & White 2005)。医生还试图将夫妻双方从矛盾中抽离出来,以第三者视角去看待引发矛盾的事件,这种调解并不会挑战和指责夫妻双方的能力和情绪等,而是通过医生制造的假设展开,即"如果某人……,某人说了……",这种假设的场景和问题会同时并置愤怒和关心等多种情绪;医生对这种假设的角色感受进行肯定,使夫妻双方容易接受和内化这种情绪和观点,也会让其从第三者视角去选择一种更适合处理矛盾的方法和情绪(Kurri & Wahlström 2005; Edwards 1994; Genette 1980; Goffman 1981)。医生也会强调家庭治疗话语之外的事件和责任,对夫妻关系里的恶性结果进行善意解读(Kurri & Wahlström 2005; Boscolo et al. 1987)。医生还会提出循环问题来探索夫妻双方的复杂批评背后的深层关系(Tomm 1985,1988)。

在庭审场合中,熟人作案的强奸事件的受害者会因为性别间沟通不当而受到批评,尽管暴露着装和混乱的私生活不会成为庭审中遭受批评的方面,但是审讯者会批评受害者缺乏明确话语形式的"不同意",导致对性侵的反抗显得没有效力。同时,男性犯罪嫌疑人也会利用这一女性话语所建构的反抗不足来为自己辩护,以使其犯罪行为更加合理化。因此,听证过程中话语建构的原告形象会影响最终审判结果,如果将受害者话语置于合理女性理想化框架中,这种原告的"不作为"则会被视作一种反抗的策略行为,而不是双方同意下进行的性行为(Ehrlich 2001)。在法庭辩护环节,由于受到法律规定的发言顺序的影响,证人并不能主动提问,因此证人可以通过回答法官的一系列"为什么"来预先阻止可能受到的指控,如提前为自己的行为和不作为进行预先辩解,以确保有空间来阐释清楚自己实施行为的原因(Atkinson & Drew 1979: 187)。所以,原告也应该预先设想对方律师可能做出的辩护,并由此来设定自己的问题以便引出对自己有利的言论。另外,在性侵案件的庭审话语中,女性往往被置于一个对不同性别差异化对待的框架之中,我们必须承认男女性关系方面存在的不平等以及这种不平等造成的女性反抗(Ehrlich 2007)。庭审过程中产生争议的原因之一就是庭审话语中对批评的评估标准与日常对话不同,日常对话中充分的解释放到庭审话语中往往显得不够充分,必须以法律话语的方式去批评指控对方(O'barr & Conley 1985)。

在西方政治话语中,政客的批评常由免责性否定来建构,这种否定有预先阻止公众对自己的言论进行抨击的功能,当其发表可能被认为是批评性的言论时,后面往往伴随免责性解释,如"我的观点听起来具有批评色彩,但并不意味着我是一个种族歧视者"。同时,由于政客代表的是一个政党或者一类民众的观点,其批评中往往以群体为主语,如"我们"(van Dijk 1993b; Antaki 1988; Scott & Lyman 1968; Tedeschi & Reiss 1981)。另外,政客善于将批评转移到他人身上,如"我并不支持种族主义,但我的邻居支持它"。这些话语建构明晰了政客的优越身份以及其社会身份的边界(Murray 1986;van Dijk 1991)。对政客的话语偏见可以通过沉默、挑衅性和粗鲁的话语来表达,其中沉默本身也是一种话语沟通形式,这些都可以发展成一种集体性和传统的表达模式(Wodak 2003:181-206)。通过对自己的言论进行批评和否定,政客避免了反对性抨击,只要先对自己的种族歧视者身份进行否定,立法机构、官员、民众就不会对其采取反对措施(van Dijk 1991:181)。

7.5 批评行为中关系的话语建构

在家庭治疗场景中,参与治疗的家庭场景被安放到一个"参与框架"中,由医生提问,参与者做出回答,包括阐述问题、批评和回应责任,该过程受到未发言的另一方咨询者监督(Buttny 1990)。首先要保证参与治疗的家庭成员保持平等地位(Anderson & Goolishian 1988;Diorinou & Tseliou 2014),医生要避免与咨询的夫妻双方产生不同的亲密距离,而是与双方保持同等距离(Buttny 1990)。当妻子对丈夫的指责出现过度重复时,医生会将其注意力向如何处理该情况方向引导,这种转向性问题的提出是为了让发出批评的妻子意识到夫妻双方的互补性(Buttny 1990)。对于前文提到的医生建构心理咨询知识的中立性立场,家庭成员并未意识到这种中立性的专业知识是医生故意建构的(Patrika & Tseliou 2016;Stancombe & White 2005)。家庭治疗中批评行为所建构的双方关系具有鲜明的情绪化特点,如话轮通常以妻子对问题的陈述和对丈夫的批评为开端。当丈夫回应批评时,往往带有强烈的情绪色彩,如对医生解释道"她的个性就是这样",不仅表达了对妻子批评的不满,也降低了妻子的话语的重要性,这种对于批评的情绪化回应比行为归因更具批判力度(Buttny 1990)。

在庭审话语中,法官与诉讼人、律师等之间的权势关系不平等。法官的发言时长和内容可以反映证人的证词是否充分,且只要法官有足够的时间、偏向和足够的介入能力,诉讼人的问题都可以被充分解决,而诉讼人遇到的问题在于没有足够的陈述时间(O'barr & Conley 1985)。参与者在对话中的倾向性不仅由庭审中所发生的话语序列决定,还受到来自法官等审判者的评估和判断,话语参与者虽然没有显性地展现性别指向性,但会指向不同类型的庭审语境和性侵行为的被指控施事者。从法官的判决结果可以看出其有明显的性别指向性,这也对案件的最终审理结果起重要作用(Enrlich 2002)。对于性侵案件庭审中的性别问题,Stokoe(2005)和 Strokoe & Smith(2002)指出,预先设定的男女性别框架并不合理,而应该考察在庭审话语中如何建构性别身份和关系。因此,受到Blommaert(2005)的启发,Enrlich(2007)的研究发现在对性侵案件的庭审中,法官的再语境化对诉讼者等人的性别身份和关系建构有重要影响,将这种性别身份和关系置于法官定义的文化框架之中去考察,由此建构的性别身份和关系会最终影响审判结果。

在政治场合中,由于个人风格和批评对象的多样化,政客的批评与被批评者之间的关系错综复杂。如在对戴安娜王妃进行的电视访谈中,她对媒体和查尔斯王子展开了直接或间接的公开批评。针对不同的批评对象,批评的展开方式有所区别,建构了不同的关系。批评媒体时,戴安娜王妃使用了不同的人称,以使不同的听众重新以说话者的角度去阐释话语,这样说话者就永远占据被阐释的中心地位,批评则更为间接地指向特定的他人,言语中将自己塑造为独立于他人的被动形象,更有利于其塑造一个理性、讲策略的王室成员身份;批评其丈夫查尔斯王子时,则对对方作为王室成员的外部身份和作为男性的内部身份进行双重批评,其对丈夫的批评由"骄傲"和"嫉妒"等性格特点贯穿始终。另外,戴安娜还批评媒体介入了他们的婚姻(Abell & Stokoe 1999)。此外,虽然在政治场合对危机的批评方式不同,有的选取内化危机的解决方式,有的则外化危机的原因,但通常在建构批评关系时表现出一定的一致性,如都通过建构恐慌、建构政府作为保护者的身份来引发公众对政府的批评或者赞扬(Hansson 2018)。

7.6 游戏话语中的批评行为

我们选取一则《王者荣耀》游戏钻石段位玩家之间的批评行为,分析其中的玩家身份、游戏知识和玩家间关系的建构。以下为一场时长为23分50秒的游戏对局视频中英雄角色间的对话。

(1)孙尚香:注意阵容搭配
(2)孙尚香:别玩伽罗吧

(3)孙尚香:没有位移好被切

(4)王昭君:注意阵容搭配

(5)孙尚香:我玩发育路

(6)孙尚香:来个辅助

(7)孙尚香:注意阵容搭配

(8)孙尚香:我玩辅助

(9)孙尚香:五楼,你玩射手吧

(10)孙尚香:??

(11)百里守约:我不太会玩射手

(12)孙尚香:我玩对抗路

(13)百里守约:你干嘛呀,兄弟

(14)百里守约:我百里很坑的

(15)孙尚香:你什么意思啊

(16)孙尚香:可以赢,别送

(17)百里守约:我来辅助

(18)百里守约:盲区还是贵一点的

(19)孙尚香:大哥们,别送了

(20)孙尚香:逆风你还来蹭我线

(21)孙尚香:我都零杠几了,还来拿兵线

(22)孙尚香:这程咬金别来拿兵线,你都零杠几了

(23)孙尚香:让我自己拿

(24)孙尚香:一个战士拿什么经济

(25)孙尚香:达摩

(26)百里守约:先针对对面的射手

(27)孙尚香:逆风靠射手,你这程咬金蹭什么线

(28)孙尚香:服了,一路兵线三人吃

(29)百里守约:我现在死守上路

(30)百里守约:守塔,拜托

(31)孙尚香:这程咬金,上什么

(32)程咬金:不上你上

(33)孙尚香:我什么时候上了

(34)百里守约:别鲁莽,老兄

(35)孙尚香:别告诉我你玩什么
(36)程咬金:玩游泳啊
(37)孙尚香:该挂机

　　该则对话中的(1)~(15)为我方五位玩家在挑选英雄角色时发生的对话。五位玩家由上至下依次排列,排在上方的我方玩家具有优先选择权。在一楼玩家(以下都省略"玩家")预选伽罗时,四楼玩家根据其自身对该英雄缺点的了解而对一楼展开了批评,见(2)、(3),在四楼发出"注意阵容搭配"的字眼时,三楼为了表达对四楼这种对别人角色指指点点行为的不满,同样也发出了"注意阵容搭配"以批评四楼,在二、三楼分别选择了程咬金和王昭君之后,四楼让五楼玩射手,见(9),随后自己预选了辅助英雄刘禅。在五楼选择了射手百里守约但声明自己不太会玩之后,四楼则换为射手孙尚香,且发出"我玩对抗路"的信号。此时,我方队友的角色分布已经出现了劣势,因为合理的阵容搭配需要一位打野英雄、一位射手、一位法师、一位辅助、一位坦克,在四楼和五楼因为沟通不当而重复选择两位射手英雄时,(13)中五楼表达了自己对四楼的批评,言外之意谴责四楼为什么又选了射手而使我方阵容搭配不协调,但是其批评较为缓和,因为后面还加上了"兄弟",导致批评中又携带了友好的成分,表示其希望在对局中和四楼团结协作,共同战胜对方。(14)中百里守约为了防止在对局中队友对自己的表现进行批评,事先发出自己"很坑"的信号以避免被责备。(15)中孙尚香依旧对五楼展开批评,目的是将自己没有选辅助的责任转嫁到五楼身上。(16)~(37)为游戏对局中我方五位英雄之间的对话,游戏开局 32 秒时,孙尚香就对各位队友发出警告"别送",这是假定只要队友不送人头给敌方,就可以赢这场游戏,反映了其对自身技术的自信以及对游戏对局中双方英雄选择的一种估量。由于孙尚香和百里守约都作为射手英雄出现在下路,而正常的搭配应该是射手搭配辅助守住下路并推对方的塔,因此百里守约在又过了半分钟之后发出"我来辅助"以认可孙尚香的射手身份,对二者的身份进行重新界定,达成了配合。
　　在 7 分 40 秒时,程咬金跑到下路帮助孙尚香共同击杀敌人,在清理兵线过程中却被孙尚香批评为吃他的兵线,也就是抢他的经济来增强自己的战斗力。(20)~(24)中孙尚香展开对程咬金的多次批评,可以看出其很愤怒,不仅再次强调了自己在队友中的主要地位,即射手就该通过拿兵线来增强战力,这样才会带队友起飞,同时贬低了程咬金,这里"零杠几"表示击杀敌方人头为零,自己却死了几次,也批评了程咬金没有全局意识不能看清这些利害关系。在程咬金

7分39秒再次清理下路兵线时,孙尚香再次批评他没有对自己作为战士的自知之明,不了解该角色该做什么而不该做什么,但是此时孙尚香在等待复活,兵线却已经来到我方下路二塔,若程咬金不来清理兵线而等孙尚香复活再来,这个塔可能已经保不住了,所以此处的孙尚香的批评是"为了批评而批评"。

同理,(27)中,孙尚香再次体现这一特点。在我方与敌方的英雄群殴时,程咬金理所应当冲在我方队友前面去避免伤害,但被孙尚香批评为吃兵线,孙尚香还在(28)中批评了另外一名他认为是在抢兵线的队友。(30)中的百里守约的话从字面意思看是为队友安排战略,但实际上是在批评队友没有守塔,可以看出其批评方式十分委婉,甚至用到"拜托"这种表恳求的词。在对方三位英雄将我方典韦杀死后,程咬金依旧冲在前方,但是在典韦死之前,程咬金就已经被围殴了,而在程咬金死了之后,孙尚香却批评他为什么要往前冲,可见其对程咬金已经有了个人情绪,程咬金对孙尚香的批评已经忍无可忍,因此发出简短的"不上你上"(意思是"我不上难道你上吗?")以批评孙尚香缺乏勇于牺牲的精神,对队友见死不救。但是孙尚香却误解了他的意思,产生(33)中的回应,34句中的百里守约同样帮腔孙尚香,但是其批评依旧是缓和的,在后面还加上了"老兄"这一称呼拉近双方距离。在(35)中,孙尚香指责程咬金不知道在搞什么操作,程咬金在(36)的回应中故意激怒孙尚香,用"在游泳啊"表示自己在随意打游戏而并不在乎输赢,意即游戏而已,没必要如此认真和做出如此批评。此时,游戏已经开局16分钟,在我方出现明显的优势可以压制敌方时,队友间已经默契地停止了互相批评,齐心协力乘胜追击,打出更多优势,所以在23分钟游戏结束之前,队友之间一直沉默而没空互相批评了。

从这则游戏话语中我们可以看出,发出批评的游戏玩家也在建构自身"实力超群"的身份,如该则游戏话语中的孙尚香。但有一些玩家的批评则比较委婉,如百里守约并不生气的口吻。可以看到,游戏话语中的批评具有强烈的情绪化特点,有时甚至是为了批评而批评,即便对方没有错误也要混淆视听来图个爽快。另外,当大家感觉快要赢的时候或者队友配合好的时候都不会做出批评,只有在我方处于劣势和队友表现不佳的时候才会做出批评,可以看出批评发生在我方处于弱势的时候,这时无论局势如何,游戏参与者都会鸡蛋里挑骨头,批评队友。游戏话语的批评发生需要一定条件,该则话语是发生在系统对陌生人进行随机匹配、大家在现实生活中并不认识对方时,因此批评很多。当熟人组队对战时,陌生队友若批评自己的组队队友,相熟的队友会通过反击回去来安慰组队队友。总之,游戏话语的特点是在队友的互相批评中寻求合作,而且由于没有仲裁方来确定批评的正确与否,所以理论上任何人都可以随意发出批评,从而导致相同批评的反复出现。

7.7 话语建构的批评行为

结合前文的分析,可以看到对于批评的话语分析与其他学科在身份、知识和关系建构三方面的研究相比具有一定的优势。

首先,话语分析从质性研究出发去考察批评,以实际发生的话语为线索,推断话语如何动态建构参与批评的双方或多方的身份,如何影响双方之间的关系,以及发生批评的语境中又涉及哪些相关知识,如发生在就医场合、庭审场合和政治斗争中的相关学科知识。从前文可以看出,在庭审、心理治疗和政治话语中,批评者具有不同的机构身份以及不同的人际关系距离和形式,而从社会认知出发的相关学科从逻辑或者定量研究出发,较少关注这些身份、关系和知识在不同场合中的动态性和差异性。其次,话语分析对批评的建构从个体共性和差异性出发,关注具有鲜明个人特征的话语所建构的身份、知识和关系,如在政治斗争中,政治家的不同话语特点;而社会学、心理学和哲学等学科多关注发生批评的群体的共性,呈现过度概括的趋势。再次,话语分析对批评的研究具有更广阔的应用空间,话语分析研究者通过对话轮的分析,发现不同机构中产生批评的原因,从而提出相应的改进意见,如探讨庭审话语中的律师应该如何通过话语引导对方,来避免自己受到批评,庭审过程中各方陈述的时间分配如何更加合理化,以及心理医生应该如何通过不同的提问方式来解构批评的话轮以使咨询者获得更有效的治疗效果。最后,话语分析对批评的研究在不同学科之间搭起了桥梁,为跨学科研究方法的创新提供了广阔空间,如更合理和广泛地提取心理治疗话语语料有助于研究者了解对心理医生和家庭成员的话语活动与批评行为有什么联系,也对语言学与社会学、心理学、哲学等学科对批评的研究有指导意义和反思意义。

综上,我们对比了社会认知视角和话语分析视角下的批评行为中参与者和调解者的身份建构、关系建构和专业知识建构,并以《王者荣耀》对局中的批评话语为语料,分析了作为队友的游戏玩家之间的批评行为是如何建构的,突出了话语分析动态建构身份、关系和知识方面的优势,也为未来语言学与哲学、心理学、社会学等学科之间的跨学科分析提供了创新的方法和视角参照。

第八章 咨询行为中的身份、关系和知识建构

8.1 引言

咨询是指咨询者就自己的问题向咨询员请教的行为。从广义上讲,任何涉及请教、询问、商议等双方问答事件,对于问方来讲,都可作为咨询行为,如甲向乙问路。咨询话语,就咨询的内容而言,可分为心理咨询、留学咨询、理财咨询、信息咨询、疾病咨询、教育咨询等。就咨询者和咨询员的关系而言,他们可能是上下级关系、买卖关系、医患关系、亲子关系等。就身份而言,咨询者可作为下属、消费者、患者、孩子等;咨询员则由上司、卖家、医生和父母等充当。如果从狭义上来讲,咨询行为是一种顾问及相应的客户服务活动,其内容是为客户提供咨询服务,这种服务的性质和范围通过与客户协商确定,客户(请教方或咨询方)提出问题或疑难,服务主体(答疑方或服务人)给出建议或解决方案,双方通过协议对彼此的责任和义务进行约定。如果采纳广义的定义,则咨询话语涉及的范围过于宽泛;而沿用狭义定义则更具有针对性。

"咨询关系"的成功建立与否取决于三个维度:一是咨询者对咨询员权威角色的认可;二是咨询员对咨询者的态度、咨询员与咨询者两者之间的互动方式和互动状态;三是咨询员与咨询者之间的交流是否能使咨询者的问题得以解决。这三者分别指的是咨询话语中权威身份的话语建构,咨询话语中参与者关系的建构,以及咨询话语中知识的建构。本研究将从以上三个维度来对咨询话语进行剖析和解读。

8.2 社会认知视角下的咨询行为研究

8.2.1 咨询行为中身份的建构

以往对身份建构的研究多采用量化的方式（如问卷、访问等），目的是缓解社会矛盾，如医患关系。研究焦点主要有以下几个方面：身份的多元性（群体身份、个体身份），咨询双方所扮演的社会角色，以及这种角色身份关系在咨询服务中的影响力。

有一些文献集中讨论咨询员和咨询者之间不平等的社会权势关系，如咨询问答的不对称性（West 1984）、话题控制（Ainsworth-Vaughn 1998）等。夏玉琼(2017)基于身份自我方位模式，考察网络交际空间中的医生身份，认为身份构建是个人基于自我方位的自我阐释。研究发现，医生在群体层面构建了"高投入、高科技、高危险"和"普通人"的身份，在个体身份层面构建了"医者仁心"和职业厌倦的身份。然而，网友在网络空间构建的医生身份却是"高收入、职业道德差、缺乏技术"。杨建会(2019)的研究根据 Brewer & Gardner(1996)的身份表征理论和 Spencer-Oatey(2000)的人际关系和谐管理模式，从群体身份、关系身份、个体身份来探讨医生的不同身份在医患会话中的重要性，同时探讨医生身份对医患关系的管理作用，以帮助构建和谐的医患关系，促进医疗活动的有序开展。

8.2.2 咨询行为中参与者关系的建构

对参与者关系的研究，学者们一致认为，咨询员与咨询者之间所结成的咨询关系，在心理治疗和咨询者的改变过程中，有着无可替代的重要作用。因此，咨询关系是一直以来相关学科的研究热点，众多研究都致力于探讨咨询关系的定义、成分和作用机制。咨询关系分成三个部分：工作联盟、移情关系和真实关系(Greenson 1967)。Gelso & Carter(1994)通过对该模型的研究，进一步将这三种成分推广至所有的咨询和心理治疗关系中。文献显示，学者们对工作联盟、移情关系和真实关系各自以及它们之间的互动关系展开了一系列的研究，包括设计专属的测量工具和进行大量的实证研究等，以此来探究咨询员与咨询者之间的咨询关系是如何影响咨询效果的。

咨询行为的核心是求助者与助人者的动态互动过程,决定了咨询的方向和效果。对家庭教育咨询中求助者与助人者双方行为特点与互动方式的实践层面的分析和思考,充分验证了咨询过程是一个求助者与助人者之间的互动过程,是一个双方相互产生影响和作用的广义教育过程和学习过程(张威 2015)。

此外,一些社会身份要素如种族、性别、民族、家庭背景、社会经济地位等也会影响社会互动。一些研究从这个视角入手,对咨询关系进行阐释,多侧重种族文化差异研究。例如,Roy-Chowdhury(2003)考察了心理咨询家庭治疗中治疗师关于权力和文化的立场与其职业实践的联系。通过分析发现,治疗师对其主流文化价值观缺少意识和反思:他们可能把自己的主流文化价值观前设为普适价值,并强加于咨询治疗中,导致治疗师和患者的关系处于矛盾冲突中。

8.2.3 咨询行为中的知识建构

知识建构涉及咨询员如何从自己的知识库中抽取相应的咨询知识,以咨询者需要的方式传递给咨询者,重建咨询者的知识结构,帮助其解决问题。在心理咨询中,不同心理学流派所构建知识的方式是不一样的,其中最受关注的是咨询过程中的认知重建问题,咨询员通过分析来访者的自动化思维,归纳其中的不合理信念,挖掘隐藏在其心理或行为问题背后的核心错误信念,并重建其合理的核心信念,而心理咨询的效果正是发生在这一过程中的(Deborah 2012)。这其中探讨较多的影响因素是"心理气氛"。如果咨询员通过积极的引导来创造良好的"此时此地"的氛围,咨询者就能主动地反思已建构的不合理的知识,重新构造合理的新知识,达成"自我实现"的效果(Irvin 2003)。

也有学者尝试分析和总结心理咨询员的一些问诊策略,探讨咨询员是如何传递和建构知识以达到咨询效果的。例如,Hill & O'brien(1999)提出了"助人技巧系统",他们将助人历程,也就是实现知识传递的历程划分为探索、洞察、行动三个阶段。在探索阶段中,会使用赞成—再保证、开放式问句、封闭式问句、重述、情感反映、自我表露和沉默等策略;在洞察过程中,会使用面质、解释、自我表露与即时化等策略;在行动化阶段,则会使用提供信息、反馈、直接引导等技巧。在不同的过程中,咨询员采取不同的咨询策略,以达到为咨询者构建新知识的目的,帮助他们减轻症状或解决问题。

8.3 咨询行为中身份的话语建构

语言与身份的关系一直是话语分析的热点。学界越来越认同身份通过话语建构这一观点(Androutsopoulos & Georgakopoulou 2003;De Fina et al. 2006;袁周敏、陈新仁 2013)。人们关于语言及语言使用的选择不仅反映并且塑造了他们的身份(Joseph 2010:9)。

咨询话语的一个研究视角是强调咨询师因其知识权威和专家地位而具有比咨询者更高的权力,通过语言使用对咨询者产生影响,使其发生变化(Avdi & Georgaca 2007)。一些学者使用不同的会话分析理论方法来探究咨询话语中权威身份是如何被建构的,帮助咨询员完成特定的交际目的。例如,基于电视心理咨询的真实语料,运用话语分析的方法可以考察话语结构中的话语权问题(晏小萍 2008)。心理咨询谈话结构的分析结果显示,话语权在谈话中呈动态形式,其话语置控权和话语赋权行为可以通过话语结构布局和谈话人担当的话语角色得以实施。这项研究突出了权力和知识之间不可避免的相互联系。袁周敏(2014)的研究则表明,商务话语中的咨询顾问在会话的不同阶段建构了不同的身份。其中,咨询顾问的专家身份,即权威身份主要产出断言类和指令类言语行为,体现为施事功能和人际功能。心理咨询会话中,咨询员和咨询者在模糊限制语的使用上存在差异。由于咨询员和咨询者地位不平等,咨询者在顺应社交因素时,使用模糊限制语的话轮数远低于咨询员(胡健、马艳 2018)。

此外,借用会话结构分析法,通过对比两种电话心理咨询模式——"咨询员中心"与"来话者中心"的话轮分配、描述,分析话段的分与合、回合类别与话目类别、指示性话目的指示性程度等,可以分析两种语篇的不同之处(高一虹 1995)。研究结果发现,在"咨询员中心"这一模式中,咨询员往往充当说教、评价、教导、劝导的角色,从而强调咨询员的权威性,而在"来话者中心"的咨询语篇中,咨询员的主要角色是倾听,注重引导来话者自己进行分析,以及为其提供多项选择,从而帮助来话者不断挖掘自身潜力,提高人格健康水平,以利于建立和谐的咨询员与来话者关系。

8.4 咨询行为中参与者关系的话语建构

咨询话语中参与者关系,即咨询者和咨询员之间的关系,总体而言,可分为合作型和冲突型两种。在多数咨询活动中,是以合作型关系为主,附带少量的冲突型关系。

"合作"一词越来越多地出现在咨询类行为研究中,学者们围绕"合作"来揭示咨询者和咨询员之间的关系(Anderson 1997;Hoffman 1995;O'Hanlon & Rowan 2003)。合作型关系是指咨询员与咨询者在对话中协商,并共同分享主动性、知识和判断力的一种关系。虽然合作的重要性已经在咨询行为研究,尤其是心理治疗领域得到了很大的关注(例如 Horvath & Symonds 1991),但是合作到底意味着什么仍然是一个极富争议的问题。对于合作、成为伙伴或在咨询中的互动意味着什么,没有一个权威的、普遍接受的观点。也就是说,对咨询中合作的社会认知研究侧重于关系参与者的内部心理过程,关注咨询者与咨询员合作的意愿或能力(Weingarten 1991)。

然而,以往的研究却忽视了咨询是一种双方都参与的时时刻刻的交互过程,而这正是话语分析所关注的。咨询话语中参与者关系不总是合作的关系,也常常包含"冲突"。冲突产生的情况包括,咨询者认为咨询员对他或她的回答与他或她想从咨询员那里寻求的不一致;反过来,咨询员认为咨询者对他或她的要求与他或她想从咨询者那里得到的不一致。这对于咨询行为是否有效至关重要。有学者做了相关的研究,例如以咨询者参与程度和任务完成度为衡量指标,分析咨询治疗中有关咨询者和咨询员之间的关系(参考 Allen et al. 1996;Jones et al. 1992;Kolb et al. 1985)。Tryon & Winograd (2002:386-387)发现,咨询者的防御、退缩和抗拒会导致咨询者的治疗效果大打折扣,并得出结论,"那些愿意与咨询员密切合作的患者不仅治疗体验更好,治疗达到的效果也会更好"。

而冲突、抗拒通常被理解为咨询者的脱离关系的行为,在某种程度上不符合治疗师或咨询员的互动目的。著名的例子包括儿童在咨询中否认问题(Hutchby 2002),在咨询师开具处方后否认达成共识(Antaki 2008)。在夫妻治疗的咨询话语中,客户一方会以不记得为理由避免受到指责或抵制咨询员探究夫妻双方的关系(Muntigl & Choi 2010)。此外,咨询类语篇中冲突性话语也存在不礼貌现象,即咨询者和咨询员使用了不礼貌策略以及各自的不礼貌回应模式(王婷 2019)。

一般来说,合作的产生经常需要咨询员向咨询者发出邀请信号,以远离那种双方认知中所熟悉的不对称关系,以便尝试更多的对话可能,达到努力与咨询者合作的目的。简单地说,咨询员可以充分考虑咨询者的谈话偏好,以使对话更具合作性(Anderson 1997)。医生可通过结合现实生活的方法与患者建立一种良好的人际关系(Mishler 1984),还可以采用移情技巧,比如眼神接触、诱发情感、阐释、反思、沉默与非言语交际、倾听患者的诉说、进行鼓励性的答复以及模糊、不明确的表述,如"嗯、啊"等(Bensing 1991)。Lipp et al.(2016)也强调了医生移情技巧在患者满意度、遵从医嘱、治疗效果等方面的重要性。

有学者分析卖店现场促销员和顾客之间的咨询行为(张黎 2007),分析发现现场促销员通过积极回应的话语策略方式,具体表现在主动打破沉默、变被动话轮为主动话轮、使用完整式答话以及答话信息"供大于求"等,与咨询者建立起友好的谈话氛围,从而促进销售目标的达成。

8.5 咨询行为中知识的话语建构

知识在行为构建和会话管理中具有重要作用,是会话的主要推动力(Heritage 2012;Mushin 2013)。会话可以由知识较多的一方发起,也可以由知识较少的一方发起,交际过程可以理解为交际双方实现知识平衡的过程。因为就特定知识要素而言,不同说话人对其了解存在程度上的差异。Sacks(1984)区分了一手知识和二手知识。个体所经历的为一手知识,当事人对此类知识享有认识上的优先权。类似的区分还有 Labov & Fanshel(1977)提出的 A 事件(A-event)和 B 事件(B-event),以及 Pomerantz(1980,1984)提出的第一类型知识(type 1 knowables)和第二类型知识(type 2 knowables)等。

近年来,Ekberg & LeCouteur(2015)、Landmark et al.(2015)和 Lindström & Weatherall(2015)的相关研究探讨了医疗咨询话语中的知识现象。Ekberg & LeCouteur(2015)采用对话分析的方式来检视抑郁症患者在认知行为治疗过程中的抗拒心理,他们发现咨询者总是利用个人经验来展示他们的认知立场,或者通过声称缺乏知识权威(例如"我对它一无所知"),从而抵制、消解咨询师提出的意见(Landmark et al. 2015)。

心理咨询中知识的建构也得到学者的关注（Weiste et al. 2016）。从心理学角度而言，问题事件及其所引发的情绪存在于咨询者的无意识状态，咨询员的任务是帮助咨询者逐渐认识到自己无意识的心理过程。在对问题进行解释的过程中，咨询者获得新的知识并逐步实现治愈。心理咨询实践表明，咨询者新知识的获得并非一个简单的过程。由于自我导向性的存在，咨询者在会话过程中往往会坚持其个人经验，并强调自己在该方面知识上的优先权（Stivers et al. 2011）。

下面我们通过具体的会话分析案例，揭示心理咨询会话中的知识协商及构建方式——对话共鸣（冉永平、雷容 2018）。研究表明，对话共鸣可用于标识咨询者存在问题的个体经验，提醒咨询者重新认识其原有的经验或经历；对话共鸣还有助于交际双方在此基础上就知识展开进一步的协商，从而对其存在问题的经验知识进行重塑。

8.6 医药咨询案例的描写与分析

从以上的分析和讨论可以看出，对咨询话语的研究由来已久，各个相关学科都取得了各自的研究成果，但仍存在一些不足，如只重点研究了关于知识、参与者关系、身份的一个方面或两个方面，未曾把它们放在一个咨询行为中做整合研究。此外，也未形成一个分析与阐释融合起来的层级-功能分析模式等。从社会建构的视角看，语言内容层中，构建意义的主要资源划分为两个层次系统：一个是内层的词汇语法系统，另一个是外层的语义系统（Halliday & Matthiessen 1999:603）。因此，本研究将从词汇语法层、语义层两个角度对医药咨询话语的权威身份建构、参与者关系建构和知识建构三个层面进行分析。我们选取的案例来自袁周敏（2011）附录中的语料，本章所转写的语料均采用如下语料转录符号：

@笑声
[话语重叠开始处
]话语重叠结束处
(..)稍长停顿
(...)较长停顿
(胶囊)括号内的话语为不确定转录

＝音节的延长

＝＝较长时间的音节延长

→箭头表示所讨论话语的所处行

内容是关于咨询者问问咨询员某药品是否需要继续服用,转写字数为629字,其医药咨询对话内容如下。

(语境信息:咨询人吃药后以前的症状有所缓解,打电话了解是否需要继续服用。)

(1)咨询人:陈主任,你好。

(2)咨询顾问:好的,你把你的情况跟我说一下好吗?

(3)咨询人:之前就是这样,我今年三十六了,最近这两年就是感觉身体啊＝＝力不从心了。

(4)咨询顾问:三十六岁就感觉力不从心了,确实有点过早了啊。

(5)咨询人:嗯,确实是,就是这个人啊,工作的时候也提不起什么精神。

(6)咨询顾问:工作＝＝感觉没精神,倦怠[无力

(7)咨询人:腰困]腰乏的。

(8)咨询顾问:腰乏?

(9)咨询人:嗯,是。平时＝＝总感觉,眼睛你说是困吧,但是躺着睡不着觉

(10)咨询顾问:哦,那就是说明这个肌体感觉相对地疲劳,但是大脑又不能及时地进入一个休息状态,是吧?＝＝

(11)咨询人:噢,确实是,哎呀,总感觉到慢慢地＝＝一直感觉呢,后来一直感觉,后来一直感觉＝＝,这个小便这个次数啊(别)多了,尤其白天,感觉那个尿特别多嘛。

(12)咨询顾问:噢＝＝那就是说明泌尿系统又出问题了。

(13)咨询人:噢是,然后也感觉到就是＝＝是有尿了,憋不住,然(后呢)马上往厕所跑。

(14)咨询顾问:噢,尿频尿[急

(15)咨询人:噢]嗯,就是时间长了,就感觉不舒服。晚上睡不着觉,就是主要感觉眼睛特别打架,就是睡不着,你(说这个)睡着了吧,睁开眼总感觉睁开眼之后就感觉就根本＝＝没睡觉似的。

(16)咨询顾问:像没睡一样噢,那就是属于浅睡眠,因为脑神经(…)没有得到一个及时的休息。因为为什么呢,因为这个大脑呢它有一个丰富的神经。我们都知道啊,人的肢体啊,语言啊,都是需要大脑神经支配的,他这个大脑呢如果不能及时呢得到修整的话,他这个神经尤其是我们的中枢神经就会发生紊乱,发生==呢一些衰弱,所以这样呢,造成的原因是什么呢,是由于我们的肾亏,因为肾是用来藏精,精是用来生髓,髓是通脑。所以呢,我们所有的髓呢是从肾脏来生出来,生出来呢以后是归到大脑,去(乳)养我们的大脑神经。所以,你一旦肾虚以后,他肾生精的功能就减弱,那么大脑中它的髓的它的营养就不能保证,所以造成了你的睡眠不足。或者有的人他属于浅睡眠。也有的人出现多梦,或者呢,醒了以后再次睡呢==就很困难入睡等等。这都是由于肾虚肾亏在我们的大脑或者(情智)方面的一些症状出现的。那现在呢,现在你三个疗程快用完以后情况怎么样呢?

(17)咨询人:噢,现在==现在这个晚上首先感觉到睡眠特别踏实。

(18)咨询顾问:噢,现在晚上睡眠好多了啊。

(19)咨询人:欸,确实是。

(20)咨询顾问:对,因为睡眠一好的话,白天这个精神啊,这个整个的状态就不一样了,是吧?

(21)咨询人:恩,精气神(…)也不一样了,像这个腰困==腰酸==腰乏确实都改善了,挺好的。

(22)咨询顾问:对呀,因为腰是肾之父,你原来有肾虚肾亏腰痛,现在这些问题得到解决了。

(23)咨询人:欸,确实是这个==

(24)咨询顾问:排尿方面怎么样了?

(25)咨询人:感觉小便的次数明显地减少了,恩(==)怎么说呢,最起码说呢,现在感觉能憋住尿了。

(26)咨询顾问:现在感觉==感觉就是特别好,以前==以前感觉就是太厉害了。那现在就是完全感觉恢复到一个正常的状态当中了,也就是没生病之前,已经恢复到那样的一个情况了?

(27)咨询人:欸。

(28)咨询顾问:自己感觉?

(29)咨询人:差不多,现在感觉==
(30)咨询顾问:那现在三个疗程的药,剩下几天啊?
(31)咨询人:噢,还剩下两天。
(32)咨询顾问:还剩下两天是吗?
(33)咨询人:欸。
(34)咨询顾问:噢,那行,这两天把它用完,跟前面第一位朋友一样,用完以后呢,从你刚才所描述的情况,从这个症状的改善,包括你用药的时间周期性都吻合了,我们预计的治疗目标达到了,所以就可以不用药了。
(35)咨询人:哦用完这两天可以停药了?
(36)咨询顾问:对呀,因为你一个周期下来,原来那个精气神不足肾功能下降,以及自己的整个肌体营养失衡的情况都全面恢复了,也就是你现在你的肌体呢,都保持在一个良好的状态,所以完全可以停药,把这两天用完就行了。
(37)咨询人:欸,那好,那我就这么用,谢谢啊。
(38)咨询顾问:也谢谢你,祝你以后更加健康。我们就把这次的优惠活动机会去让给其他需要的朋友,好吗?
(39)咨询人:好。
(40)咨询顾问:如果你身边的朋友遇到这样肾虚肾亏的问题,你也别忘了把你的健康经验告诉他们,好吗?
(41)咨询人:欸,好,一定的,一定。
(42)咨询顾问:好,那就这样。
(43)咨询人:好,谢谢您。
(44)咨询顾问:好,再见。

首先,医药咨询会话中,咨询员的权威身份建构,参与者关系的建构以及知识的建构这一话语发生过程离不开词汇语法这一媒介,而词汇语法则是由权力词汇、称呼语、人称代词所体现的。

权力词汇是指在某一个特定学科领域中,蕴含着丰富语义密度的专业化术语(Martin & Maton 2013)。在医药咨询会话中,咨询员话语显然会涉及本行业的各种专业性医学术语,如咨询者症状名称、药物名称等。称呼语是指在言语交际或书面语中直接用来称呼别人的词或者词的组合。合适得体的称呼语能让交际顺利进行,并能体现一个人的语言文化修养(张典 2017)。人称代词是指"言语交际"中用以代替人或事物名称的特殊性词汇,它们具有称呼与替代等基本功能。人称代词使用的语义特征在句法层面表征为可体现人际功能的语式(Halliday 1994)。话语是一个由交际者在信息、物品与服务交换中实现的过程;在此期间,人称代词的选择通常是以说话者为中心并赋予了某种特殊含义的编码取向,这既取决于说话者的知识结构、交际意图以及对指称对象的感情、态度,又与社会实践场域、文化语境等因素密切相关。人称代词作为一种实现人际功能的语言资源和策略,经常被用来建构交际者的身份和地位。

其次,医药咨询会话中,咨询员的身份建构、参与者关系建构以及知识建构这一话语发生过程在语义层可以从概念功能(及物性)、人际功能(语气)、语篇功能(衔接)来进行分析。及物性、语气和语篇衔接是语言本身所固有的属性,在语篇中相互协作、相互促进,从而完成语言表达意义的功能。

根据 Halliday(1994)的理论,及物性是我们关于经验的最深刻的印象,它包含"各种事件——发生、做、感知、意指、存在和成为。所有这些事态都在小句语法中得到分类整理"。及物性系统具体包含六种过程,分别是物质过程、心理过程、关系过程、言语过程、行为过程和存在过程。经统计,在这则医药咨询案例中,咨询员和咨询者在及物性的选择上呈现出趋同与存异的共生现象。在六大过程中,咨询员和咨询者都存在以关系、心理、物质过程为主的表达倾向,但两者在相同过程中的语言表现形式上会做不同的选择,如表 8.1 所示。

表 8.1　咨询员和咨询者话语的及物性分布统计[①]

过程类型	咨询员	咨询者
物质过程	19	6
关系过程	33	10
心理过程	11	12
言语过程	3	0
行为过程	0	5
存在过程	0	1

根据表 8.1,咨询员的话语由 66 个小句组成。其中关系过程小句出现 33

---

① 限于篇幅,不对所有过程进行分析,后文具体分析涉及的过程将以示范方式呈现。

次,占50.0%;物质过程小句出现19次,占28.8%;心理过程小句出现11次,占16.7%。这三种过程占咨询员话语中所有过程类型的95.5%。咨询者的话语由34个小句构成。其中心理过程小句出现12次,占35.3%;关系过程小句出现10次,占29.4%;物质过程小句出现6次,占17.6%;行为过程小句出现5次,占14.7%。这四种过程占咨询者话语中所有过程类型的97.0%。经过分析,发现心理过程和关系过程对识解咨询员和咨询者的经验世界起着重要作用,且有助于构建咨询员的权威身份,表征咨询员和咨询者的关系。

Halliday(1994,2004)根据主语与定式之间的位置关系,将英语的语气分为直陈语气和祈使语气两种类型。在直陈范畴内,用于表达陈述的是陈述语气,用于表达提问的是疑问语气。在疑问范畴内还可区分是非疑问和特殊提问。汉语没有英语动词的限定成分,与英语语气系统相比,汉语的语气系统更为复杂。对于汉语语气系统的定义与划分,汉语界诸多学者如吕叔湘(1982)、王力(1985)、高名凯(1986)等的观点不尽一致,但通常认为,汉语的语气系统主要涵盖陈述语气、疑问语气、感叹语气以及祈使语气四种语气类型。通过对整个医药咨询话语语料进行统计,我们可以归纳出咨询员和咨询者的语气资源的总体分布特征,如表8.2。

表8.2 咨询员和咨询者话语的语气资源分布对比

语气类型	咨询员	咨询者
疑问语气	11	1
陈述语气	18	22
感叹语气	2	0
祈使语气	1	0

根据表8.2,咨询员的话语中,使用频率最高的为陈述语气,出现18次;其次是疑问语气,出现11次;感叹语气和祈使语气分别出现2次和1次。而咨询者的话语绝大多数使用的都是陈述语气(22次),有很少一部分疑问语气(1次),基本没有使用过感叹语气和祈使语气。

衔接作为语义概念,指的是语篇中语言成分间的语义联系。衔接系统使得句子连接成篇,彼此前呼后应。衔接的手段多种多样,衔接可分为语法衔接和词汇衔接(Halliday & Hasan 1976)。其中,语法衔接包括照应、省略、替代和连接四种。词汇衔接包含重复、同义/反义、上下义/局部-整体关系和搭配四种。在医药咨询话语中,多种衔接手段纵横交错,对语篇连贯起着至关重要的作用。

在各种不同的衔接方式的分布中,我们重点关注的是重复手段的使用,因为它出现的频率较高,且有助于构建咨询员的身份,构建咨询员与咨询者之间的关系,以及实现知识的构建。医药咨询这种对话形式,主要包含三种重复的形式:咨询员重复咨询者的话语,咨询员重复自己的话语,咨询者重复自己的话语。

8.7 医药咨询中的身份、关系和知识的建构

8.7.1 身份的建构

就词汇语法层的权力词汇来看,在(1)～(16)中,咨询员通过反复询问,了解了咨询者以往的症状,对咨询者的健康进行了评估。针对咨询者所描述的一系列典型症状,如"提不起精神""腰乏、眼困、睡不着觉""小便次数多,憋不住",咨询员用专业术语对其口语化的陈述重新分类识解,如"肌体疲劳""浅睡眠""尿频尿急",并对"肾虚肾亏""神经紊乱""神经衰弱"等一系列权力词汇进行合法化使用和识解,既体现了咨询员的专门性语码特征(丰富的症状学、病理学知识与临床经验),同时也基于这些专门性语码知识建构出该咨询员"内行""专家""权威"等身份。

就词汇语法层的称呼语来看,在(1)中,咨询者与咨询员打招呼时,对其所用的咨询语是"陈主任"。这属于职业称呼语的范畴,显示了咨询员的机构身份、职衔和机构身份。称呼语的调整凸显了咨询者对咨询员的尊重和敬畏,有助于提高咨询员的权威身份,使得咨询话语更具备正式性。

就词汇语法层的人称代词来看,在(1)中,咨询者与咨询员打招呼——"你好",其使用的人称代词是"你";而在(43)中,也就是医药咨询即将结束时,咨询者对咨询员道谢——"谢谢您",使用的人称代词是"您"。我们知道,在汉语中,"你"适用于平辈之间、长辈对于晚辈、上级对于下级;而"您"是尊敬称谓,适用于晚辈对于长辈,或者下级对领导。从普通的人称代词转向表示尊敬称谓的人称代词,表明随着医药咨询话语的展开,咨询员因其广博的知识受到了咨询者的尊重,因其帮助咨询者解决了问题而得到了信赖,咨询员的权威身份得以建构。

就语义层的及物性过程来看,咨询员的心理过程话语多表达感觉范畴,其感知者并不是其本身,而是咨询者。心理过程承担了询问病情、确认症状的功

能,其表达有利于咨询员更全面地收集病情信息,形成准确的诊断,从而对咨询者进行用药指导。因此,心理过程的使用建构了咨询员"观察者、检查者"的权威身份特征。

在(4)中,从语义层的语气资源来看,日常生活中,陈述句往往是使用频次最高的小句形式,在医药咨询话语中也不例外。陈述语气往往用于客观地陈述事实,以增强话语的可信度。咨询员对陈述语气的使用,大都与信息知识协商相关,提供给咨询者的通常是关于症状确认、病情确认、病因解释等信息,表达出比较客观、科学的概念意义,实现了陈述语气所具有的信息告知和知识传递的功能,体现出的大都是咨询员专门性知识语码潜势,建构的是"知者""权威"等身份特征,有利于提升咨询者对咨询员的信任度,如(16)所示。

除了陈述语气的大量使用,咨询员还使用大量疑问语气资源。这是因为咨询员所处的情境是面对药物咨询者,需要借助大量的疑问语气才能把握咨询会话的主题,了解咨询者的健康状况、潜在需求等。使用大量疑问语气的目的是控制咨询的内容和进展,以建构自己的权威身份以及达到良好的咨询效果。将疑问语气进行进一步分类,即特指疑问和是非疑问。在咨询员的话语中,是非疑问出现了8次,而特指疑问仅出现了3次。是非疑问限制了咨询者的回答空间,咨询者只能在"是与不是"或"对与不对"之间做出选择;而特指问句则是开放式的,对咨询者的制约很小,可以让咨询者充分地表达自己。是非疑问句的大量使用显示了咨询员对话语的控制权,体现了其"权威性",如(10)。

与咨询员大为不同,咨询者的话语都集中在陈述语气上,很少发问,这说明咨询者一直处于回答问题的状态,没有引导新的话轮产生的权力,间接证明了咨询员是会话的主体,在咨询过程中始终处于权威地位。

8.7.2 参与者关系的建构

就词汇语法层的人称代词来看,人称代词可以体现人物之间的人际关系,表明谈话者双方之间的距离、关系等人际意义。医药咨询话语中,咨询员同样会采用一些人称代词来巧妙地调整与咨询者之间的人际关系。在(16)(34)和(38)中,出现了大量的第一人称复数代词"我们",虽然形式是复数,但其实表达的是单数意义。(16)中,咨询员在向咨询者耐心地解释他所表现出来的不适症状的原因:"我们所有的髓……""乳养我们的大脑神经""由于肾虚肾亏在我们的大脑……"。其中的"我们"的真实意义指的是"你",即咨询者。因为患病的并不是咨询员,而是咨询者。咨询员通过使用"我们",把自己置于咨询者的"患者"的身份中,拉近了与咨询者之间的距离,有利于缓解咨询者的不适和尴尬,使其把关注点放在病因身上,而不是放在自己"病人"的身份上面。在(34)和(38)中,"我们预计的治疗目标达到了","我们就把这次的优惠机会去让给其他需要的朋友",其中的"我们"的真实意义指的是"我",即咨询员。因为治疗目标和治疗效果是咨询员预估的,咨询者本身并不能设定自己的治疗目标,也无权决定优惠名额。咨询员借助这些特殊"情感资源"向咨询者靠近,将自己主导性的地位向亲近性、平等性的方向下移,尝试拉近与咨询者的社会距离、情感距离,让语言更显柔和亲切,同时也体现出咨询员谦逊、平易近人的态度,弱化了自身高权势的身份。

就语义层的及物性过程来看,咨询者使用的心理过程多表情感和感觉,其感知者是自身及其身体某个部位。借助心理过程,咨询者诉说着经历疾痛的主观世界,暗示希望医生能够理解、尊重其体验,强化了咨询者积极配合咨询员,构建和谐的参与者关系以及合作话语的意愿。

在(3)中,咨询员在解释病因时倾向于使用关系过程,是咨询员基于医学知识对症状做出专业解释的语言表现。咨询员通过"是……"来用一个参与者识别另一个参与者,以此来为咨询者的症状下定义;用"有……"来描述参与者之间的拥有关系;用"是从……,是归到……"来描述实体和方向之间的关系,以此来清楚地解释病因。在医药咨询中,关系过程的这种特点能使咨询员的话语显得有理有据、清楚明白,从而消除咨询者的疑惑和焦虑,使其更好地接受后续的药物治疗、心理治疗等。关系过程的使用可以强化咨询者和咨询员之间的情感绑定,有利于良好的合作关系的构建。

在(16)中,从咨询者的角度来看,咨询者使用关系过程来陈述自己的症状。这表明咨询者很了解自己的疾病信息,通过关系过程主动给病情分类、定性,流露出咨询者急于查明病因的交际意图。这透露出咨询者处于主动和愿意与咨询员合作的心态。

从(21)中语义层的衔接关系来看,咨询者反复重复自己的话"一直感觉"有两种可能:(1)由于害怕、紧张或者尴尬,不好意思说出自己的症状;(2)在努力思考自己的症状,思维的速度跟不上话语的速度,所以一直重复。从整篇对话来看,咨询者面对咨询员并无惧怕之意,所以第一种可能性较低。如果是由于第二种原因而产生重复的话,那么则反映出咨询者认真对待咨询员的提问,想尽可能地把自己的症状描述清楚,以此构建合作的咨询员-咨询者关系,如(11)。

8.7.3 知识的建构

就词汇语法层的权力词汇来看,在指导咨询者用药之前,咨询员显然对该类药物及患者服用后需要注意的适应、禁忌、临床注意事项等专门化语码知识进行过激活、分类和选择。此时,作为知识媒介的权力词汇,药物名称显然也表征一种信息,它体现出咨询师员对药物临床应用的专门性语码进行编码取向的个体化选择。在咨询者描述自己的症状得到明显改善之后,咨询员在综合考虑了咨询者症状、用药周期、治疗目标等诸多因素后,建议咨询者把剩下两天的药服用之后即可停药,在药物剂量及服用时间凸显了"个体化",体现出该咨询员关于药物治疗学的专门化知识以及多年临床经验知识的累积建构。在词汇语法层,它表征为咨询员熟知药物的治疗周期——"三个疗程,一个周期"和对于药物的功效,如"恢复精气神""补肾固本""调节营养失衡"等专门化语码知识的具体描述。这些高语义密度的权力词汇一方面表征了咨询员掌握药物学方面的专门知识,同时也实现了咨询员"内行""专家"等"控制性"身份的重构。与此同时,在对不同的咨询者进行用药指导的过程中,咨询员的知识结构也在不断丰富和扩展。

就语义层的衔接关系来看,咨询员重复咨询者的话语是发生在咨询者对其症状进行描述之后,咨询员选择自己最为关切的信息焦点进行重复,有时候只重复部分内容,有时候重复全部内容,这取决于咨询员所关注、想要详细了解确认的焦点是什么。咨询员重复咨询者的话语有一个极为显著的特征,那就是咨询员重复其所关注的信息并带上疑问语调,这样使得咨询员重复病人的话语在语气类型上大多属于是非疑问。咨询员在咨询的过程中不断地以疑问的形式对咨询者提供的话语信息进行重复,其目的是使判断依据更加准确,防止因咨询者的疏忽或表达不明确而导致自己判断错误,传达错误的讯息,造成不良后果。此外,咨询员就咨询者症状的陈述有针对性地提取对诊断有决定性作用的关键信息,这也有助于将会话朝着有利合作达成的方向推进,最终达到预定的目标。

在(6)中,咨询员重复咨询者的话语,其本质是知识构建和知识传递的一个过程。咨询者在描述自己的症状时传递出对自己病情认知的最基本的知识,咨询员利用自己的知识储备,设置引导性的提问,以便从咨询者所描述的症状中筛选出有价值的知识。在向咨询者进行确认并得到咨询者肯定的回答后,关于咨询者所具有的症状以及咨询者的身体问题的相关知识便得以确立。

因此,重复有助于交际双方在此基础上就知识展开进一步协商,对存在不确定的知识进行重塑,最终的知识是由双方共识所达成的。

同时,咨询员也会重复自己的话语。如在(16)中咨询员对咨询者的症状的解释过程中,"浅睡眠""神经""大脑""肾""精""髓""肾虚""肾亏"等反复出现,说明咨询员想通过反复细致的解释,使得咨询者对自己的病因拥有清楚明白的认知。这些词汇的反复出现,有助于在咨询者的知识库内增添这些新的知识,使得这些咨询员所具备的专业知识被传递给普通的咨询者。

8.7.4　讨论与发现

我们在医药咨询案例的分析中尝试以 Halliday(1994,2004)的理论为理论框架,用话语分析的方法,从词汇语法层和语义层的维度考察医药咨询话语中咨询员的身份、参与者关系以及知识是如何被构建的。

作为 Halliday(1994,2004)功能语法语义观的一个核心层次,词汇语法这个概念在话语分析过程中对意义资源进行识解和阐释时,扮演着重要的角色(李战子 2005)。词汇语法系统既是意义产生的潜势,也是人类识解经验和构建现实的主要工具(Halliday & Mathiessen 1999:17)。同时,它也是社会个体构建其个体化身份的主要社会符号资源。咨询话语发生的过程是咨询员与咨询者在互动的基础上对知识资源进行共享的过程,交际双方的身份关系是通过意义编码取向实现的。本研究在对咨询话语进行话语分析时,并不局限于词汇语法层,还在语义层面对三个元功能进行三维分析,即及物性、语气和语篇衔接,三者在相互协作共同完成语言表达意义功能的同时,能够更好地表征咨询员的身份权威性、参与者关系与知识构建的途径。

在对医药咨询话语进行分析的过程中,我们采取了分层的话语分析方式,即从词汇语法层和语义层两个层次对医药咨询话语进行分析。

构建咨询员权威身份的语言手段有:包括咨询者症状名称、药物名称等的权力词汇、称呼语("主任"等)、人称代词("您"等)、(咨询员)心理过程、(咨询员)陈述语气、(咨询员)疑问语气、(咨询者)陈述语气。构建咨询员与咨询者之间关系的语言手段有:人称代词("我们")、(咨询者)心理过程、(咨询员)关系过程、(咨询者)关系过程、咨询员重复咨询者的话语、咨询者重复自己的话语。构建知识并实现知识传递的语言手段有:包括咨询者症状名称、药物名称等的权力词汇、咨询员重复咨询者的话语。

在咨询话语下,由于时间、空间、咨询者的知识结构等相关社会语境要素存在差异,有经验的咨询员会伴随着话语的不断展开,根据不同的咨询者灵活地调配自己的社会符号资源(如辨识资源、实现资源等),以此动态地构建自己的权威身份,建立良好的咨询关系,传递相关知识。话语身份、关系及知识的建构以意义和词汇语法的选择为基础,同时,身份、知识和关系的建构互相影响。

在本研究中,我们着重观察了话语分析在建构身份、参与者关系以及知识等方面的运作机制。我们以元功能和语言层级性为具体操作路径,对以医药咨询话语为代表的案例进行了多维和系统的分析和阐释,归纳出了医药咨询话语的总体特征,如权力词汇特征、及物性特征、指称特征、语气特征等。研究发现,在医药咨询话语发生过程中,咨询员需要不断调动各种表达形式以建构自身的权威身份,与咨询者建立合作的参与者关系,建构自己的专业知识并将其传递给咨询者。与之相对应,咨询者也需要积极参与咨询对话,与咨询员建立良好互动关系,以更好地接收咨询员所传递的知识。两个参与者,即咨询员与咨询者的共同目的是建构和谐咨询关系,使咨询效果达到最佳化,使咨询者的问题得到解决。总而言之,我们的研究在一定程度上凸显了话语分析在微观互动分析上的优越性,揭示了何种语言资源有利于咨询员建构其权威性身份、与咨询者建立联盟、维持良好的参与者关系,从而提升咨询员的业务素质与文化敏感度,促进其高效展开咨询工作。

8.8 结语

从社会认知的视角看待咨询行为,多是站在整体、宏观的立场。而话语分析的视角包括咨询会话的整体结构与微观结构、互动模式、咨询员与咨询者会话交谈所运用的语言资源等内容。在对身份的构建中,社会认知视角往往视权威身份为一种本质主义身份观,即认为身份是先在的、确定的;而话语分析视角多是一种社会建构主义身份观,即认为身份是在持续、动态的交际互动过程中形成的,同样的个体可以建构多重身份。在对参与者关系构建的研究中,其他学科虽也把咨询者与咨询员之间的关系看作是互动的,但只关注这种互动关系对咨询效果的影响,而话语分析的视角则除此之外,还关注这种互动是如何产生的、如何保持持续不断的。在对知识的构建中,其他学科更多关注的是知识建构的方式、知识传递的策略等,而话语分析的视角则更关注知识在咨询过程中的构建过程以及传递过程。

总而言之,其他学科和语言学视角对咨询话语的分析与社会认知视角存在很大差异。其他学科研究会话如何进行,认为会话能透视社会生活,而话语分析则研究语言如何建构以产生会话,认为作为社会生活资源的会话可以帮助发现语言的本质。尤其是本研究中所采用的以功能语法为导向的话语分析方式,强调语言在构建和维系社会关系的过程中所扮演的积极作用,认为语言是建构现实的主要手段,语言建构与认知主体的社会行为过程存在紧密联系。

第九章 冲突行为中的身份、关系和知识建构

9.1 引言

冲突行为及相关话语常见而又复杂,相关研究涉及哲学、修辞学、人类学、社会学、心理学、语言学等众多领域。早期的研究者认为冲突的本质是负面的、敌对的、破坏性的,其产生的根源在于社会技能(如心理学)或交际能力(如跨文化交际)的缺失,因此在大多数学科中不受重视。20世纪五六十年代,学者们开始意识到冲突也具有积极建设性功能,对它的研究有助于人际交往的良性互动(Simmel 1908/1955)。尽管社会科学领域对冲突进行了一定的调查,但对冲突事件中的实际话语及其特征的研究实际始于20世纪70年代末对儿童争辩性话语及其结构形式的探究(Boggs 1978;Brenneis & Lein 1977)。此后,来自不同领域的学者开始采用不同的视角对冲突话语进行深入研究,特别是 Grimshaw(1990)编著的 *Conflict Talk: Sociolinguistic Investigations of Arguments in Conversations* 更是显示了冲突话语研究对于话语分析和社会学研究的重要性,标志着冲突话语研究逐渐走向成熟化、规模化和系统化。国内学者对冲突话语的关注始于21世纪初(赵英玲 2004),研究内容主要涵盖冲突性言语行为、冲突话语结构、冲突话语管理等。近年来,在冉永平等学者的关注和引领下,冲突话语研究已成为学界关注的热点话题(冉永平 2010;李成团、冉永平 2011;冉永平 2012)。我们这里重点关注作为冲突话语类型之一的同性恋冲突话语,关注身份、关系和知识是如何在其中得到建构的。

9.2 社会学、教育学等学科对冲突话语的研究

冲突话语指交际双方因意见分歧而产生语言上的对立和争执状态,甚至以威胁对方面子或身份的言语行为来否定、反驳、攻击对方(Zhu 2008)。冲突话语的研究具有跨学科特点,涉及社会学、传播学、教育学、心理学等相关学科。各学科从自身学科视角对冲突话语研究做出不同程度的贡献。传播学多探讨商务谈判活动、语言教学等交际活动中的冲突性话语。心理学、家庭研究则更多地通过冲突性话语研究亲密伴侣暴力、家庭暴力等。

目前研究较多的主题是冲突话语中的性别差异。男女在冲突话语中表现出一定的性别差异,Goodwin(1990)结合语境因素考察了男女性别差异对冲突话语中交际策略的影响,得出结论:相对于女孩,男孩缺乏某些论辩技巧。Sheldon(1996)将男孩和女孩对冲突话语的引发语进行了辨析,她认为男孩更多地采用直接冒犯性话语,而女孩则更多地使用模糊冲突话语以建构身份,这些身份可以是性别身份、领导身份、民族身份、文化身份、实践共同体身份等。

另一个广为研究的领域是师生冲突话语。学者们从师生课堂交际、语言教育、校园冲突等角度展开研究。国外学者对此的研究较早,也较系统,教育社会学家和学术派别对宏观的学校与社会的冲突关系和微观的学校内部的冲突问题进行了研究。在宏观角度上,20世纪末期,冲突论教育社会学派产生,这一学派以社会冲突为基本线索来考察教育现象,认为学校的作用主要是传授社会支配集团的身份文化,学校是不同阶级之间进行文化争夺的场所,是实现阶级统治的武器之一,学校教育发展的动力来自不同身份集团之间的冲突。教育是各集团实现自己利益的重要工具,它的职能与集团的根本利益有着直接的关系,因而学校教育的性质在本质上是被不同身份的集团所制约的。

从心理学角度看,冲突研究主要关注冲突双方的心理机制,比如冲突双方的性格特征、情绪及动机特征。对此,国外一些教育心理学家进行了较为集中的研究。例如,Brophy(2004)研究了课堂教学中教师的组织方法和教学方法对师生冲突的影响。其他学者(如Donna & McQuillan 1996)对学生在课堂中的对抗行为进行了研究,Feldhusen从教学论的角度建构了师生互动限制与期望的模式。他认为,课堂教学过程中的师生互动实际上是一个师生不断定义课堂情境的周而复始的过程,师生冲突的产生是由于师生因角色和地位上的

差异对课堂情境的定义不同,这种不同导致课堂秩序混乱。他通过大量的具体案例分析发生冲突的师生的观念、行为、心理等,对美国课堂内外的中小学生与教师之间的冲突行为做了较为深刻的研究。也有学者更深入地进行了基于情感的案例研究,提出进行以情感为中心的治疗,以减轻师生之间的冲突(Lander 2009)。大学生课堂冲突的原因也得到了分析,包括教师对学生的欣赏、教师对课堂教学环境的控制技能、教师的沟通技能、教师的公平待遇、教师偏见行为和教师遵守课堂规则行为以及学生行为、学生个性特征等8个因素(Argon 2009)。

此外,冲突话语研究的热点话题还包括讽刺、幽默、语码转换、沉默、唠叨(nagging)等。除以上研究外,冲突话语研究还发展出了很多其他的关注点。如对青少年论辩策略的发展的研究结果表明,与单纯进行辩论的青少年相比,在辩论中结合了结对反思环节的青少年在辩论技巧方面进步更大,说明反思在辩论中起重要作用(Felton 2004)。另外,冲突话语与人际关系、情感立场等有关(龚双萍 2014)。学者们还通过冲突行为探讨家庭、身份、权力等社会因素,将焦点放在宏观层面的激烈的阶级冲突和群体间的冲突以及造成该现象的重要原因。

纵观国内外现有文献,尽管冲突话语在语言表现、发生机制等方面的研究已取得显著成果,但与交际主体的身份及身份建构的成果有关的研究偏少。而语言在交际中不仅传递信息,还可以建构交际双方的身份。冲突性话语作为日常交际中普遍存在的语言现象,其身份建构特征理应受到学者关注。我们以2020年新浪微博针对同性婚姻合法性的争论为例,通过话语分析来探究冲突话语中的身份、关系和知识建构。

9.3 同性恋身份建构,从男权到男同

研究性别的两种传统方法主要关注男性主导地位(Lakoff 1972,1973)和性别差异(West & Zimmerman 1983)的概念。然而,Connell(1987,1995,2002)倾向于解构单一形式的男性气质(masculinity)的概念,并强调其社会构建性及语境化,指出其是可变的。这就产生了男权主义(hegemonic masculinity)的概念,其特征是各种各样的男性不仅会边缘化和支配女性,还可能由于阶级、种族或性取向而排斥和支配其他男性。

男权主义的概念(Connell 1987)极大地影响了当代对男性、性别和社会等级的理解(Connell & Messerschmidt 2005:829)。男性气质包含四个原则。第一种是男权主义,它不仅统治女性气质,也统治非男权的男性气质。男权主义的典型代表是来自美国等富裕国家的已婚企业高管。大多数男性并不持有这种立场,但认为这是一种理想。第二个原则是服从,即,女性和男性、男性和男性之间的服从。不仅男同性恋者是这样一个从属群体,而且白人至上主义者也会被主流社会视为从属群体——尽管他们会将自己塑造成男性的主导形式。第三个原则是同谋。Connell(1995)认为,尽管大多数男性都不是霸权主义的典范,但他们都在不同程度上受益于这种性别等级制度。比如,那些从父权制中获得好处的人与女性相比,拥有更大的晋升机会和经济优势,但没有表现出强烈的男性主导地位,他们可以被视为表现出一种共谋的男性气质。另外,女性也通过此种共谋获取权力(通过身体魅力去吸引富有及有权势的配偶而不是通过教育和工作收入)。第四个原则是边缘化,指的是对不遵守霸权规范的男性化形式的排斥。边缘化的一个例子是群体成员对双性恋男性的定位。双性恋男性被认为是有问题的,因为他们有可能模糊异性恋和同性恋之间的界限。因此,主流社会倾向于边缘化甚至抹去双性恋身份。由此可见,男权主义与其他从属和边缘化气质是有区别的。男权主义象征着男性的荣誉性身份。

可以说,像John Rambo或Indiana Jones这样的"英雄"角色代表了理想化的男权主义。根据Carrigan et al.(2006:51)的观点,一种特定形式的男性气质强加于其他变体之上的能力被理解为男权。因此语境至关重要。而文化上推崇的男性气质——男权主义模式或许只有少数人能拥有。Donaldson(1993:645-646)则将男权主义描述为"排外的、令人焦虑的、内部和等级上有差别的、残忍和暴力的,它是伪自然的、坚韧的、矛盾的、容易发生危机的、丰富且社会持续的"。可以说,大部分人心目中理想的男性形象和现实生活中的男性形象迥异。但许多男性依然支持和维护男权主义,因为他们受益于男权带来的支配权。

男权主义总是关涉社会、政治和历史背景,通过考察男权社会秩序,可以更好地理解男权主义的内涵(Brindle 2016)。大众传媒,尤其是广告,极力宣扬男权主义。男性在广告中被塑造为占主导地位的形象,这一形象当然也体现在男女劳动分工方面。相关的研究较多侧重于男女劳动分工这一层面的男权主义特征(Morris 2008,2012)。它包括多层含义:人们可以根据互动的需要在多种意思之间变换；男性可以在需要的时候表现出男权主义的男子气概，但同时也可以在其他时候策略性地将自己与男权主义的男子气概区分开来。因此，男权并不代表某一特定类型的男性，而是通过具体的实践行为来定位自己的一种方式。例如，Whitehead(2002)就将话语作为男性实践身份关注、行使性别权力和反抗的一种手段。通过具体的话语行为，我们可以理解男性特征如何在话语中被建构和维护，某种地域性的男权主义表现形式如何扩张，等等。

但需要强调的是，在社会结构中，就角色要求和行为期望而言，男性气质并非稳固不变的(Mullins 2006:152)。相反，任何社会任何场所都会产生多种男性气质，它们相互关联。如果某些男性气质相对于其他从属的男性气质在特定背景下被广泛接受，那么相对于其他从属男性气质，这些男性气质就被提升为男权主义(Benwell 2003:181)。

同性恋正是由从属的男性气质展开，与男权概念密切相关，话语则是构建同性恋冲突身份的重要手段。异性恋作为主流价值取向被当作男权主义的基础。然而，它只有与从属的男性气质(如同性恋者气质)作为参照时，才能凸显其主流地位。从这一层面讲，二者既互相依赖，又互相矛盾。这些从属的男性气质不需要明确的界定，事实上霸权男性气质者正是由于不具备这种从属男性气质，才能显示出他们的优越性(Connell 1987)。有研究者(如Whitehead 2002:93-94)认为，话语是理解男性如何建构身份的手段，而这也正是我们的研究主题。

9.4 冲突行为中互动关系的话语分析策略

研究冲突话语最基本的结构是会话结构，主题在此结构中采取一系列的手段，如语篇标记语、情态词、评价资源等对客体进行判断和负面评价(going negative)来表明自己的立场。

9.4.1 会话结构

会话结构是指日常会话中交际者需要遵循的自然结构，主要包括话轮转换、毗邻对、可取结构等。在日常会话中，交际双方每次只有一个人讲话，即为一个话轮；而当交际双方轮流讲话，即为话轮转换。那么，当交际者开始了一个话语序列的第一个话轮,比如说,"今天是星期几?"这个话轮以后的第二、第三个话轮都是可以被预测的。这种可预测的顺序在会话分析中被称为毗邻对。在此基础上,Sacks(1984)提出了毗邻对中的"可取结构",亦即,如果一个话轮结束后,在第二个话轮中说话者所做出的应答是前一个说话者所期望的,那么这个应答是具有可取性的。结合 Sacks(1984)的"可取结构",Pomerantz(1980)提出,在第二个话轮中如果没有出现所期望的答复,而是出现了一些打破句子毗邻关系的话语结构,如沉默、拖延、要求澄清、部分重复、启示修补及话轮反复,那这些结构可视为"不可取结构"。

9.4.2 进行否定

在冲突话语中,冲突发起者也会通过否定来显示及维持自己的男权主义。否定(negativity)经常被用于政治话语中,特别是在竞选活动中。这种意义上的否定是指在竞选过程中把焦点放在反对派候选人所谓的缺点和弱点上,而不是候选人自己的个人和政策优势上(Dolezal et al. 2017)。当否定行为的目标是削弱对方的声誉和信誉时,就会成为人身攻击的一个实例,其定义是"故意和持续努力损害个人的声誉或信誉"(Samoilenko 2016:116)。

"进行否定"(going negative)的策略主要(虽然不是严格意义上的)发生在冲突话语中,指的是"冲突的主体对客体提出的任何批评"(Geer 2006:23)。更具体地说,它指的是一个主体及其主体所在的团体优先攻击对手(Nai & Maier 2018)。它代表了冲突话语研究中一个持续争论的焦点。Nai & Walter(2015)认为,否定作为一种方法是好是坏还不清楚。否定形式多样,但主要集中在"攻击对手,批评他们的做法做派或个性特征"(Ceron & d'adda 2015),或者两者兼有。当客体行为成为负面目标时,"进行否定"的策略往往瞄准所评价目标的思想、行为等进行跟踪记录。到目前为止,"进行否定"的策略在一些领域受到了学术界的关注,它包括与竞选活动直接相关的领域,如辩论、电视、广播或印刷广告(Geer 2006),以及更间接的方式——通过大众媒体,如报纸文章,向公众报道政治事件(Buell & Sigelman 2008)。

9.4.3 评价资源的使用

我们根据评价系统(见 Martin & White 2005)中的态度资源,也可以做出分析。其中负评价是本研究关注的重点。例如,在"I feel uncomfortable to run across a gay in the street."这个例子中,形容词 uncomfortable 是负面评价,表示同性恋者处于不好或不受欢迎的状态。态度系统包含以下三个基本选项:(1)情感(affect),涉及用于解释情绪反应的语义资源,如"冷静、愤怒";(2)判断(judgement),涉及用于构建行为的道德评估的资源,表现为能力、韧性、准确性或恰当性,例如"很酷、很弱";(3)鉴赏(appreciation),解释了符号文本/过程的审美质量和自然现象,如"他的演讲很精彩/可怕"(Martin & White 2005)。除了价值和类型,态度同时被分类为"铭刻"(inscribed)或"致使"(invoked)。在"铭刻"的范畴下,评价是通过一个带有价值判断的词汇项来明确表示的,例如,冷静的人或软弱的人。"致使"的态度是通过词语的组合来实现的,不携带包含价值判断的词汇项,如为慈善机构工作的人或从未投票的政治家。然而,这些概念上的意义,比如对慈善事业的贡献和从未投票的意义,却会引发对好与坏各自的潜在判断。

9.5 同性恋冲突话语中的身份、知识和关系建构
——以微博对同性恋婚姻合法化的讨论为例

下文选取新浪微博上由中国首例同性恋伴侣子女抚养案件引发的网络热议,我们拟从同性恋者和异性恋者就同性婚姻合法化问题的讨论入手进行分析,以研究异性恋者是如何在语言上使用"进行否定"的策略的。我们从超过25000条评论中筛选了部分冲突性话语并对其进行分析,将重点放在了异性恋者的男权主义的身份建构上。

9.5.1 对微博用户关于同性恋婚姻合法化讨论的话语分析

通过对微博用户对同性恋婚姻合法化问题讨论的分析,我们发现以A为代表的异性恋群体通过一系列人际资源对同性恋者持否的态度。接下来,我们系统地将评价框架(Martin & White 2005)应用到对有代表性的微博话语的分析中,以观察异性恋者对同性恋者进行否定时双方身份是如何被建构的。对态度(情感、判定、欣赏)、介入和极差资源进行综合讨论。以下为新浪微博语料节选。

第一部分

A:同性恋本身就是种精神疾病!时代再怎么进步,社会再怎么开放

都坚决不允许这种<u>歪魔邪气</u>正常流行、存在！<u>违背伦理,泯灭天道人性</u>的同性恋就让其<u>苟存</u>在社会的阴暗里！提倡同性恋婚姻合法的人<u>非蠢即坏</u>！

B:建议你去多读点书！

A:书我读的够多了！为什么分阴阳？为什么分男人女人,不平衡必遭天毁灭,如果同意,男女关系更加混乱！

B:……

第二部分

A:你去查查 HIV 的感染源,80%以上的 HIV 都来自同性性行为。

C:数据哪儿来的？要说感染源,HIV 最初来源于大猩猩。

A:而且,大部分同性恋(者)都会和异性结婚,且隐瞒性取向……这对伴侣的伤害有多大？你们知道吗？还有没有伦理？

C:伦理,几十年前剪头发还违背伦理呢,你留大辫子去啊,几十年前婚姻大事媒妁之言呢,你自己谈对象就是违背伦理……几十年前女的不能上桌吃饭,几十年前还三妻四妾呢,这咋都不提呢,一到同性了,开始给我提伦理了。笑死了！！！脑子是个好东西,希望你有！

第三部分

D:支持你！同性恋迟早会绝种,真是枉费了祖宗的努力！

E:我的妈呀！我一看到同性恋就恶心,他们都是娘娘腔,一点都不男人！

F:都是一群脑残！希望有一天,不管我喜欢谁,都不再奇怪！

G:我就不支持同性恋婚姻合法……

H:同性恋结婚怎么了？花你的钱办结婚证了？还是挡着你的婚姻了？难道就因为是小众群体他们就活该被忽视被打压吗？每个人都有追求自己的幸福的权利,而且他们的幸福雨女无瓜(与你无关)！①

9.5.2　同性恋冲突话语中的身份、知识和关系建构

在 5.1 的语料中,我们看到评价资源的运用有以下特点。第一部分异性恋者 A 用了"精神疾病"这类态度系统下的情感资源,从评价者主体的视角对客体即同性恋者表达反感,认为他们是"有病的";用"违背伦理,泯灭天道人

---

① 言辞激烈的部分用……代替

性"这类判定资源,且在策略上使用铭刻类手段毫不隐讳地对同性恋行为进行否定;用判定资源"苟存"、鉴赏资源"社会的阴暗里"进一步打击同性恋者,希望任其自生自灭。最后通过进一步使用判定资源"非蠢即坏"反对同性恋婚姻合法化。从整段的语篇评价结构来看,各种负面态度资源分布在段落中,属于"渗透型"(saturation)。同性恋者 B 对 A 的话语进行了反击,使用"建议你去多读点书"这类隐性情感的表达来映射对方无知。A 接着采用疑问的语气发出反问,随后用"必遭天毁灭"判定资源来凸显同性婚姻有违人伦;用"非真实"(irrealis)句预测同性婚姻会导致男女关系混乱。B 接着用致使类判定资源对 A 的言论进行打击。第二和第三部分中也用到了大量的评价资源,使冲突进一步升级。C 通过负面评价曾经存在但"非伦理"的社会行为批判"同性恋有违人伦"的观点。D 和 E 用显性的态度和判定资源反对同性恋婚姻。

身份不仅通过个人行为得到建构,而且也通过他者的行为与评价得到建构(Bogoch 1999),当交际双方发生言语冲突时,交际一方常用语言建构凸显对方消极、负面的身份形象,达到否定、挖苦或讽刺对方的交际目的。异性恋者 A 通过评价建构了同性恋者"低等"、"劣势"甚至"从属"的消极身份,成功达到了责骂、侮辱同性恋者的交际目的,使冲突进一步激化,从而突出异性恋者的"男权主义"(hegemonic masculinity)身份。可见,构建交际另一方不同的身份,对和谐人际关系会产生解构作用。B 通过谴责 A 的无知来建构对方"受教育程度低"的身份,以此进行反驳。随着交际的推进,A 直接否认 B 给自己定位的"受教育程度低"的身份,并以发起反问的方式继续建构自己的男权主义身份。个体的社会身份表面上是由自我归类形成的,实际上更深的社会内涵是通过归类获得的,社会身份具有提供自尊和获得尊重的社会内涵。通过将自己归类为"受教育程度高"者,A 意在凸显自己是有文化、有思想之人,并非对方定位的"受教育程度低"者。C 用"脑子是个好东西,希望你有"来进行反击,建构 A "无头脑、愚蠢"的身份。

个人身份指一个人在个性、品质、和他人的关系以及对待人和事的态度等自我方面的特征(Tracy & Robles 2013)。在冲突性话语中,通过凸显对方个人身份的不同层面,可以达到批评、指责对方等交际目的。E 用对方的身体特征、举止表现这类判定资源将同性恋者身份定位为"娘娘腔""不男人"等非主流个人身份,成功达到了侮辱对方的目的。F 接过话轮进行反击,再次使用"脑残"这类判定资源将对方归属为"智力低下之人"。在交际活动中,如果交际一方构建的身份不符合交际另一方的期待,就会对交际双方的关系造成负面影响。由于 E 将对方定位为"娘娘腔""不男人",这一行为激怒了 F,F 有意凸显 E 的"脑残"身份,这一侮辱性的身份定位属于显性冲突话语,激化了矛盾,势必会遭到以 A 和 E 为代表的异性恋者的反驳。

9.6 话语建构的冲突行为

通过分析,我们可以得出结论:与其他学科在身份、知识和关系建构方面相比,冲突话语分析表现出明显的优势。首先,话语分析从质性研究出发考察冲突,以真实发生的话语为线索,推断话语如何动态建构冲突双方的身份,如何影响双方之间的关系,以及发生冲突的语境涉及哪些相关知识。话语分析不仅侧重研究语言形式和冲突的不同阶段在话语中的体现,而且能够对这些形式背后本质的系统做深入的探讨,透过复杂多变的语言形式认识冲突话语的本质:冲突话语为什么会有前文提到的语言表现形式?这些表现形式意味着什么?为什么会使用缓和或加剧冲突话语的表达形式?除了宣泄情绪、维护面子、争取利益等,是否还有更深层的话语理据?话语分析可以使我们更好地回答这些问题,就冲突话语的产生、发展和结束形成比较有说服力的解释。

其次,冲突话语分析可以从个体案例出发,研究个体冲突中更加深入且其他学科(如社会学、心理学)难以挖掘的方面。冲突主体的理性仍然是一个很少受到关注的视角,虽然社会学研究注意到了交际主体的家庭背景、性别、身份等因素在冲突话语中的作用与影响,但这些因素都属于交际主体的外在社会文化因素。而话语冲突研究特别强调交际目标和交际策略,深受主体的工具理性影响,交际主体仿佛成为被工具理性控制的非自由个体,话语分析可以进一步帮助我们挖掘主体地位以及不同理性的碰撞,为冲突话语提供理性解释。

最后,冲突话语分析给予主体间沟通与协商足够的重视。冲突话语涉及两个或多个主体间的动态话语过程,在此过程中,主体各方以冲突的形式沟通和协商彼此的立场和观点。因此,冲突话语研究不仅要分析指出话语中主体间在目的和观点等方面的差异,还要分析主体是如何通过不同的话语方式来沟通和协商这些差异的。在今后的研究中,话语分析的研究范围将更加广泛,对语篇的描写和分析也将更加细致和完善,随着跨学科和多学科地位的加强和学科间的相互影响,话语分析将在理论和方法上不断推陈出新,继续通过挖掘其他学科无法挖掘到的方面,揭示话语的本质,对社会认知具有重要作用。

参考文献

Aaltio, I. & Mills, A. 2002. Organizational culture and gendered identities in context. In I. Aaltio & A. Mills (eds.). *Gender, identity and the culture of organizations*. London: Routledge: 3-18.

Abell, J. & Stokoe, E. H. 1999. "I take full responsibility, I take some responsibility, I'll take half of it but no more than that": Princess Diana and the negotiation of blame in the "Panorama" interview. *Discourse Studies* 1(3): 297-319.

Adair, W., Brett, J. Lempereur, A., et al. 2004. Culture and negotiation strategy. *Negotiation Journal* 20(1): 87-111.

Ainley, M. 2006. Connecting with learning: Motivation, affect and cognition in interest processes. *Educational Psychology Review* (18): 391-405.

Ainsworth-Vaughn, N. 1998. *Claiming power in doctor-patient talk*. New York: Oxford University Press.

Alicke, M. D. 2000. Culpable control and the psychology of blame. *Psychological Bulletin* 126(4): 556-574.

Allen, J. G., Coyne, L., Colson, D. B., Horowitz, L., et al. 1996. Pattern of therapist interventions associated with patient collaboration. *Psychotherapy* 33(2): 254-261.

Allern, S. & Pollack, E. (eds.). 2012. *Scandalous!: The mediated construction of political scandals in four nordic countries*. Gothenburg, SE: Nordicom.

An, Hui(安辉), Wang, Dahui(王大辉), Pan, Zhigeng(潘志庚), Chen, Meiling(陈美玲) & Wang, Xinting(王歆婷). 2018. Medical knowledge visualization: A review of the research status quo and the prospect of its application in health assessment. *Health Research* 38(4): 394-398. [2018. 医学知识可视化的研究现状及在健康评估中的应用展望.《健康研究》第38卷第4期: 394-398.]

Andersen, J. F. 1979. Teacher immediacy as a predictor of teaching effectiveness. In D. Nimmo (ed.). *Communication Yearbook* (3). New Brunswick: Transaction Books: 543-559.

Anderson, C. 1995. *Blaming the government: citizens and the economy in five European democracies*. Armonk, NY: M. E. Sharpe.

Anderson, H. 1997. *Conversation, language and possibilities: A postmodern approach to therapy*. New York: Basic Books.

Androutsopoulos, J. & Georgakopoulou, A. 2003. *Discourse constructions of youth identities*. Amsterdam: John Benjamins Publishing Company.

Antaki, C. 1988. *Analyzing everyday explanation: A casebook of methods*. London: Sage.

Antaki, C. 2008. Formulations in psychotherapy. In A. Peräkylä, C. Antaki, S. Vehviläinen & I. Leudar (eds.). *Conversation analysis and psychotherapy*. Cambridge: Cambridge University Press: 26-42.

Argon, T. 2009. The development and implementation of a scale to assess the causes of conflict in the classroom for university students. *Educational Sciences: Theory & Practice* 9(3): 1033-1041.

Aristotle. 2004. *Nicomachean ethics* (trans. R. Crisp). Cambridge: Cambridge University Press.

Arnold, M. B. 1960. *Emotion and personality: Psychological aspects*. New York: Columbia University Press.

Atkinson, J. M. & Drew, P. 1979. *Order in court: The organization of verbal interaction in judicial settings*. London and Basingstoke: Macmillan.

Austin, J. L. 1962. *How to do things with words*. Cambridge, MA: Harvard University Press.

Avdi, E. & Georgaca, E. 2007. Discourse analysis and psychotherapy: A critical review. *European Journal of Psychotherapy & Counselling* 9(2): 157-176.

Bakhtin, M. M. 1981. *The dialogic imagination: Four essays* (trans. C. Emerson & M. Holquist). Austin, TX: University of Texas Press.

Bal, M. 1985. *Narratology: Introduction to the theory of narrative*. Toronto: University of Toronto Press.

Bamberger, P. 2009. Employee help-seeking: Antecedents, consequences and new insights for future research. *Research in Personnel and Human Resources Management* 28: 49-98.

Baquedano-López, P. 2008. The pragmatics of reading prayers: Learning the act of contrition in Spanish-based religious education classes (doctrina). *Text and Talk* 28 (5):581-602.

Barley, S. R. 1991. Contextualizing conflict: Notes on the anthropology of disputes and negotiations. In M. H. Bazerman, R. J. Lewicki & B. H. Sheppard (eds.). *Research on Negotiation in Organizations, Vol. 3. Handbook of Negotiation Research*. Greenwich: JAI Press: 165-199.

Baxter, J. 2006. Putting gender in its place: A case study on constructing speaker identities in a management meeting. In M. Barrett & M. Davidson (eds.). *Gender and Communication at Work*. Aldershot: Ashgate Publishing: 69-79.

Baxter, J. 2008. Is it all tough talking at the top?: A post-structuralist analysis of the construction of gendered speaker identities of British business leaders within interview narratives. *Gender and Language* 2 (2):197-222.

Baxter, J. 2010. *The language of female leadership*. Basingstoke: Palgrave Macmillan.

Baxter, J. 2011. Survival or success? A critical exploration of the use of "double-voiced discourse" by women business leaders in the UK. *Discourse and Communication* 5(3):231-245.

Baxter, J. & Al-A'ali, H. 2014. "Your situation is critical...": The discursive enactment of leadership by business women in Middle Eastern and Western European contexts. *Gender and Language* 8(1):96-116.

Beijaard, D., Meijer, P. C. & Verloop, N. 2004. Reconsidering research on teachers' professional identity. *Teaching and Teacher Education* 20(2):107-128.

Bell, C. 1997. *Ritual: Perspectives and dimensions*. Oxford: Oxford University Press.

Bensing, J. 1991. Doctor-patient communication and the quality of care. *Social Science & Medicine* 32(11):1301-1310.

Bernstein, B. 1990. *Class, codes and control: The structuring of pedagogic discourse*. London/New York: Routledge.

Bernstein, B. 2000. *Pedagogy, symbolic control and identity: Theory, research, critique*. Lanham, Maryland: Rowman & Littlefield Publishers Inc.

Benwell, B. 2003. *Masculinity and men's lifestyle magazines*. Oxford: Blackwell.

Bhabha, H. 1994. *The location of culture*. London: Routledge.

Blommaert, J., Collins, J. & Slembrouck, S. 2005. Spaces of multilingualism. *Language and Communication* 25(3): 197-216.

Bodtker, A. M. & Jameson, J. K. 2001. Emotion in conflict formation and its transformation: Application to organizational conflict management. *International Journal of Conflict Management* 12: 259-275.

Boggs, S. T. 1978. The development of verbal disputing in part-Hawaiian children. *Language in Society* 7(3): 325-344.

Boler, M. 1999. *Feeling power: Emotions and education*. New York: Routledge.

Boscolo, L., Cecchin, G., Hoffman, L. & Penn, P. 1987. *Milan systemic family therapy*. New York: Basic Books.

Bradley, R. 2005. *Ritual and domestic life in prehistoric Europe*. London: Routledge.

Brenneis, D. & Lein, L. 1977. "You fruithead": A sociolinguistic approach to children's dispute settlement. In S. Ervin-Trip & C. Mitchell-Kernan (eds.). *Child Discourse*. New York: Academic Press: 49-65.

Brett, J. M., Olekalns, M., Friedman, R., Goates, N., Anderson, C. & Lisco, C. C.. 2007. Sticks and stones: Language, face and online dispute resolution. *Academy of Management Journal* 50(1): 85-99.

Brewer, M. B. & Gardner, W. 1996. Who is this "we" levels of collective identity and self representations. *Journal of Personality and Social Psychology* 71(1): 83-93.

Brophy, J. E. 2004. *Motivating students to learn*. London: Routledge.

Brown, P. & Levinson, S. C.. 1987. *Politeness: Some universals in language usage*. Cambridge: Cambridge University Press.

Bruner, J. 1975. The ontogenesis of speech acts. *Journal of Child Language* 2(1): 1-19.

Buell, E. H., Jr. & Sigelman, L. 2008. *Attack politics: Negativity in presidential campaigns since 1960*. Lawrence, KS: University Press of Kansas.

Burton, C. 1991. *The promise and the price: The struggle for equal opportunity in women's employment*. Sydney: Allen & Unwin.

Buttny, R. 1990. Blame-account sequences in therapy: The negotiation of relational meanings. *Semiotica* 78(3-4):219-247.

Buttny, R. 1993. *Social accountability in communication*. London:Sage.

Cameron, D. 1995. *Verbal hygiene*. London:Routledge.

Cameron, D. 2000. *Good to talk? living and working in a communication culture*. London, Thousand Oaks & New Delhi, CA:Sage.

Cameron, D. 2001. *Working with spoken discourse*. London:Sage.

Cameron, D. 2007. *The myth of Mars and Venus*. Oxford:Oxford University Press.

Cameron, D. & Kulick, D. 2003. *Language and sexuality*. Cambridge:Cambridge University Press.

Cannadine, D. & Price, S. 1987. *Rituals of royalty: Power and ceremonial in traditional societies*. Cambridge:Cambridge University Press.

Castells, M. 2009. *Communication power*. Oxford:Oxford University Press.

Cazden, C. B. 2001. *Classroom discourse: The language of teaching and learning*. Portmouth:Heinemann.

Central compilation and translation bureau for works of Marx, Engels, Lenin and Stalin (中共中央马克思恩格斯列宁斯大林著作编译局). 1972/1995. *Selected works of Marx and Engels (Vol. 4)*. Beijing:People's Publishing House. [1972/1995.《马克思恩格斯选集》第4卷.北京:人民出版社.]

Ceron, A. & D'Adda, G. 2015. E-campaigning on Twitter:The effectiveness of distributive promises and negative campaign in the 2013 Italian election. *New media & society* 18(9):1935-1955.

Chan, M. 2012. The discursive reproduction of ideologies and national identities in the Chinese and Japanese English-language press. *Discourse & Communication* 6(4):361-378.

Chan, M. 2014. (Re)categorizing intergroup relations and social identities through news discourse:The case of the *China Daily*'s reporting on regional conflict. *Journal of Language and Social Psychology* 33(2):144-164.

Cheater, A. P. 1991. Death ritual as political trickster in the People's Republic of China. *The Australian Journal of Chinese Affairs* 26:67-97.

Chen, Yali(陈雅莉). 2019. "Citizen of the world":A public opinion analysis of reports on "the Belt and Road Initiative" in ASEAN English media and the construction of Chinese national identity. *Journal of Guangxi Social Sciences* (2):78-84. [2019.东盟英文媒体涉"一带一路"报道之舆情与中国国家身份建构.

《广西社会科学》第 2 期:78-84.]

Chilton, P. 2003. *Analysing political discourse: Theory and practice*. London: Routledge.

Chruszczewski, P. 2002. *The communicational grammar of political discourse*. Berlin: Logos Verlag.

Chruszczewski, P. 2003. *American presidential discourse: An analysis*. Berlin: Logos Verlag.

Chruszczewski, P. 2006. Prayers as an integrative factor in Jewish religious discourse communities. In T. Omoniyi & J. Fishman (eds.). *Explorations in the sociology of language and religion*. Amsterdam and Philadelphia: John Benjamins: 278-290.

Chryssochoou, X. 2003. Studying identity in social psychology: Some thoughts on the definition of identity and its relation to action. *Journal of Language and Politics* 2(2): 225-241.

Coates, D. J. & Tognazzini, N. A. 2013. The contours of blame. In D. J. Coates & N. A. Tognazzini (eds.). *Blame: Its nature and norms*. Oxford: Oxford University Press: 3-26.

Coates, J. 1995. Language, gender and career. In S. Mills (ed.). *Language and gender: Interdisciplinary perspectives*. London: Longman: 13-30.

Cole, S. G. 1972. Conflict and cooperation in potentially intense conflict situations. *Journal of Personality and Social Psychology* 22(1): 31-50.

Collinson, D. & Hearn, J. 1994. Naming men as men: Implications for work, organization and management. *Gender, Work and Organisation* 1(1): 2-22.

Conley, J. & O'Barr, W. 2005. *Just words: Law, language, and power* (2nd edn.). Chicago, IL: University of Chicago Press.

Connell, R. W. 1987. *Gender and power: Society, the person and sexual politics*. Stanford, CA: Stanford University Press.

Connell, R. W. 2002. *Gender*. Cambridge: Polity Press.

Connell, R. W. 2005. *Masculinities*. Cambridge: Polity Press.

Crofts, P. 2013. *Wickedness and crime: Laws of homicide and malice*. Abingdon: Routledge.

Crompton, R. & Sanderson, K. 1990. *Gendered jobs and social change*. London: Unwin Hyman.

Cummins, F. 2018. *The ground from which we speak: Joint speech and the collective subject*. Newcastle upon Tyne: Cambridge Scholars Publishing.

Curl, T. S. & Drew, P. 2008. Contingency and action: A comparison of two forms of requesting. *Research on Language & Social Interaction* 41(2): 129-153.

Curry, J. E. 2009. *A short course in international negotiating*. Petaluma, CA: World Trade Press.

Daniels, S. E. & Walker, G. B. 2001. *Working through environmental conflict: The collaborative learning approach*. Westport: Praeger.

Daniels, S. E., Walker, G. B. & Emborg, J. 2012. The unifying negotiation framework: A model of policy discourse. *Conflict Resolution Quarterly* 30(1): 3-31.

Darquennes, J. & Vandenbussche, W. 2011. Language and religion as a sociolinguistic field of study: Some introductory notes. *Sociolinguistica* 25: 1-11.

Davis, K. 1986. The process of problem (re)formulation in psychotherapy. *Sociology of Health & Illness* 8(1): 44-74.

De Fina, A., Schiffrin, D. & Bamberg, M. (eds.). 2006. *Discourse and identity*. Cambridge: Cambridge University Press.

Ding, Jianxin(丁建新). 2015. *Cultural turn: Genre analysis and discourse Analysis*. Tianjin: Nankai University Press. [2015.《文化的转向:体裁分析与话语分析》. 天津:南开大学出版社.]

Dingwall, G. & Hillier, T. 2015. *Blamestorming, blamemongers and scapegoats: Allocating blame in the criminal justice process*. Bristol: Policy Press.

Diorinou, M. & Tseliou, E. 2014. Studying circular questioning "in situ": Discourse analysis of a first systemic family therapy session. *Journal of Marital and Family Therapy* 40(1): 106-121.

Dolezal, M., Ensser-Jedenastik, L. & Müller, W. C. 2017. Who will attack the competitors? How political parties resolve strategic and collective action dilemmas in negative campaigning. *Party Politics* 23(6): 666-679.

Donaldson, M. 1993. What is hegemonic masculinity? *Theory and Society* 22(5): 643-657.

Dong, Pingrong(董平荣). 2009. An integrative perspective of discourse analysis on language and identity. *Foreign Languages and Their Teaching* (7): 8-11. [2009. 试论语言与身份研究中话语分析的整合视角.《外语与外语教学》第 7 期: 8-11.]

Donna, E. M & McQuillan, P. J. 1996. *Reform and resistance in schools and classrooms: An ethnographic view of the codlition of essential schools.* New Haven: Yale University Press.

Doran, M. 2004. Negotiating between bourge and racaille: Verlan as youth identity practice in suburban Paris. In A. Pavlenko & A. Blackledge (eds.). *Negotiation of identities in multilingual contexts.* Clevedon: Multilingual Matters: 93-124.

Douglas, M. 1992. *Risk and blame: Essays in cultural theory.* London: Routledge.

Drew, P. & Couper-Kuhlen, E. 2014. Requesting—from speech act to recruitment. In P. Drew & E. Couper-Kuhlen (eds.). *Requesting in social interaction.* Amsterdam: John Benjamins: 1-34.

Drew, P. & Heritage, J. 1992. *Talk at work: Interaction in institutional settings.* Cambridge: Cambridge University Press.

Druckman, D. 1973. *Human factors in international negotiations.* London: Sage.

Druckman, D. 1977. Social-psychological approaches to the study of negotiation. In D. Druckman (ed.). *Negotiations: Social-psychological perspectives.* Beverly Hills: Sage: 15-44.

Dyer, J. & Keller-Cohen, D. 2000. The discursive construction of professional self through narratives of personal experience. *Discourse Studies* 2(3): 283-304.

Dzialtuvaite, J. 2006. The role of religion in language choice and identity among Lithuanian immigrants in Scotland. In T. Omoniyi & J. Fishman (eds.). *Explorations in the sociology of language and religion.* Amsterdam and Philadelphia: John Benjamins: 79-85.

Eagly, A. & Carli, L. 2003. The female leadership advantage: An evaluation of the evidence. *The Leadership Quarterly* 14(6): 807-834.

Edwards, D. 1994. Script formulations: An analysis of event descriptions in conversation. *Journal of Language and Social Psychology* 13(3): 211-247.

Edwards, D. 1995. Two to tango: Script formulations, dispositions and rhetorical symmetry in relationship troubles talk. *Research on Language and Social Interaction* 28(4): 319-350.

Edwards, D. 1997. *Discourse and cognition.* London: Sage.

Edwards, D. 1999. Emotion discourse. *Culture & Psychology* 5(3): 271-291.

Edwards, D. & Potter, J. 1992. *Discursive psychology*. London: Sage.

Edwards, J. 2009. *Language and identity: An introduction*. London: Cambridge University Press.

Eggins, S. & Slade, D. 1997. *Analyzing casual conversation*. London: Cassell.

Ehrenreich, B. 1983. *The hearts of men: American dreams and the flight from commitment*. Garden City, NY: Doubleday/Anchor Press.

Ehrlich, S. 2001. *Representing rape: Language and sexual consent*. London & New York: Routledge.

Ehrlich, S. 2002. Discourse, gender and sexual violence. *Discourse & Society* 13(1): 5-7.

Ehrlich, S. 2007. Legal discourse and the cultural intelligibility of gendered meanings. *Journal of Sociolinguistics* 11(4): 452-477.

Ekberg, K. & LeCouteur, A. 2015. Clients' resistance to therapists' proposals: Managing epistemic and deontic status. *Journal of Pragmatics* 90: 12-25.

Entman, R. M. 1993. Framing: Toward clarification of a fractured paradigm. *Journal of Communication* 43(4): 51-58.

Fairclough, N. 1992. *Discourse and social change*. Cambridge: Polity Press.

Fairclough, N. 1995. *Critical discourse analysis: The critical study of language*. London: Longman.

Fairclough, N. & Wodak, R. 1997. Critical discourse analysis. In T. A. van Dijk(ed.). *Discourse as social interaction*. London: Sage: 258-284.

Fairhurst, G. 2008. Discursive Leadership: A communication alternative to leadership psychology. *Management Communication Quarterly* 21(4): 510-521.

Felstiner, W. L. F., Abel, R. L. & Sarat, A. 1980. The emergence and transformation of disputes: Naming, blaming, claiming… *Law & Society Review* 15(3-4): 631-654.

Felton, M. K. 2004. The development of discourse strategies in adolescent argumentation. *Cognitive Development* 19(1): 35-52.

Fisher, R. & Ury, W. 1981. *Getting to yes: Negotiating agreement without giving in*. London: Hutchinson Business.

Fishman, J. (ed.). 1999. *Handbook of language and ethnic identity*. Oxford:

Oxford University Press.

Fiske, S.T. & Taylor, S.E. 1984. *Social cognition*. London: Sage.

Flisher, A.J., De Beer, J.P. & Bokhorst, F. 2002. Characteristics of students receiving counseling services at the University of Cape Town, South Africa. *British Journal of Guidance & Counseling* 30(3): 299-310.

Floyd, S., Rossi, G. & Enfield, N.J. 2016. *Getting others to do things: A pragmatic typology of recruitments*. Berlin: Language Science Press.

Fogelin, L. 2006. *Archaeology of early Buddhism*. Walnut Creek: Altamira.

Fogelin, L. 2007. The archaeology of religious ritual. *Annual Review of Anthropology* 36: 55-71.

Ford, M.E. 1992. *Motivating humans: Goals, emotions, and personal agency beliefs*. Newbury Park, CA: Sage Publications.

Foucault, M. 1995. *Discipline and punish: The birth of the prison*. New York: Vintage Books.

Francis, D.W. 1986. Some structures of negotiation talk. *Journal of Language and Social Psychology* 15(1): 53-79.

Friedlander, M.L., Lehman, P., McKee, M., Field, N. & Cutting, M. 2000. Development of the family therapy alliance observational rating scale. Poster presented at the Annual Convention of the American Psychological Association. Washington, DC.

Gao, Mingkai (高名凯). 1996. *The theory of Chinese grammar*. Beijing: The Commercial Press. [1996.《汉语语法论》.北京:商务印书馆.]

Gao, Yihong (高一虹). 1995. The conversational structure characteristics of two modes of telephone counseling. *Applied Linguistics* (3): 100-105. [1995."咨询员中心"与"来话者中心":两种电话心理咨询模式的会话结构特点.《语言文字应用》第3期:100-105.]

Garcia, A. & Fischer, L. 2011. "Being there" for the children: The collaborative construction of gender inequality in divorce mediation. In S. Speer & E. Stokoe (eds.). *Conversation and gender*. Cambridge: Cambridge University Press: 272-293.

Gardner, R. 2001. *When listeners talk: Response tokens and listener stance*. Amsterdam: John Benjamin Publishing.

Garrett, P. & Baquedano-López, P. 2002. Language socialization: Reproduction and continuity, transformation and change. *Annual Review of Anthropology* (31): 339-361.

Gee, J. P. 2008. Identity as an analytic lens for research in education. *Review of Research in Education* (25):99-125.

Geer, J. G. 2006. *In defense of negativity: Attack Ads in presidential campaigns*. Chicago: University of Chicago Press.

Geertz, C. 1973. *The Interpretations of cultures*. New York: Basic Books.

Gelso, C. J. & Carter, J. A. 1994. Components of the psychotherapy relationship: Their interaction and unfolding during treatment. *Journal of Counseling Psychology* 41(3):296-306.

Genette, G. 1980. *Narrative discourse*. Ithaca, NY: Cornell University Press.

Goffman, E. 1981. *Forms of talk*. Philadelphia: University of Pennsylvania Press.

Goffman, E. 2010. *Relations in public: Microstudies of the public order*. New Brunswick, NJ: Transaction Publishers.

Gong, Shuangping(龚双萍). 2014. A pragmatic analysis of emotional position in conflict network evaluation. *Modern Foreign Languages* (2):168-178. [2014. 冲突性网评中情感立场的语用分析.《现代外语》第 2 期:168-178.]

Goodson, L. F. & Cole, A. L. 1994. Exploring the teacher's professional knowledge: Constructing identity and community. *Teacher Education Quarterly* 21(1):85-105.

Goodwin, M. H. & Goodwin, C. 1990. *He-Said-She-Said: Talk as social organization among black children*. Bloomington: Indiana University Press.

Gorham, J. 1988. The relationship between verbal teacher immediacy behaviors and student learning. *Communication Education* 37(1):40-53.

Grambs, J. 1957. The roles of the teacher. In L. Stiles (ed.). *The teacher's role in American society*. New York: Harper & Row: 73-93.

Greenson, R. R. 1967. *The technique and practice of psychoanalysis*. New York: International Universities Press.

Gregory, E., Lytra, V., Choudhury, H., Ilankuberan, A., Kwapong, A. & Woodham, M. 2013. Syncretism as a creative act of mind: The narratives of children from four faith communities in London. *Journal of Early Childhood Literacy* 13(3):322-347.

Griffin, T. & Daggart, W. R. 1990. *The global negotiator: Building strong bus-*

iness relationships anywhere in the world. New York:Harper Business.

Grimshaw, A. D. 1990. *Conflict talk: Sociolinguistic investigations of arguments in conversations*. Cambridge:Cambridge University Press.

Gulliver, P. H. 1979. *Disputes and negotiations: A cross-cultural perspective*. New York:Academic Press.

Gulliver, P. H. 1988. Anthropological contributions to the study of negotiation. *Negotiation Journal* 4(3):241-257.

Gumperz, J. 1982. *Language and social identity*. Cambridge:Cambridge University Press.

Guo, Taihui(郭台辉). 2019. Language in politics and politics in language: Linguistic turn in political methodology. *Cass Journal of Political Science* (4): 66-76. [2019.语言的政治化与政治的语言化——政治学方法论的"语言学转向"问题.《政治学研究》第4期:66-76.]

Hakim, C. 1979. *Occupational segregation: A comparative study of the degree and pattern of the differentiation between men and women's work in Britain, the United States and other countries*. London:Department of Employment.

Hakim, C. 1992. Explaining trends in occupational segregation: The measurement, causes and consequences of the sexual division of labour. *European Sociological Review* 8(2):127-152.

Halliday, M. A. K. 1978. *Language as a social semiotic: The social interpretation of language and meaning*. London:Edward Arnold.

Halliday, M. A. K. 1994. *An introduction to functional grammar* (2nd edn.). London:Edward Arnold.

Halliday, M. A. K. 2004. *An introduction to functional grammar* (3rd edn.). London:Edward Arnold.

Halliday, M. A. K. & C. M. I. M. Matthiessen. 1999. *Construing experience through meaning: A language-based approach to cognition*. London:Cassell.

Halliday, M. A. K. & Hasan, R. 1976. *Cohesion in English*. London:Longman.

Hansen, L. 2006. *Security as discourse: Discourse analysis and the Bosnian war*. London:Routledge.

Hansson, S. 2015. Discursive strategies of blame avoidance in government: A framework for analysis. *Discourse & Society* 26(3):297-322.

Hansson, S. 2017. Anticipative strategies of blame avoidance in government: The case of communication guidelines. *Journal of Language and Politics* 16(2): 219-241.

Hansson, S. 2018. Analysing opposition-government blame games: Argument models and strategic maneuvering. *Critical Discourse Studies* 15(3): 228-246.

Hart, C. 2005. Analysing political discourse: Toward a cognitive approach. *Critical Discourse Studies* 2(2): 189-195.

Harvey, S. T., Bimler, D., Evans, M., Kirkland, J. & Pechtel, P. 2012. Mapping the classroom emotional environment. *Teaching and Teacher Education* 28: 628-640.

Hasan, R. 1978. Text in the systemic-functional model. In W. U. Dressler (ed.). *Current trends in textlinguistics*. The Hague: Mouton de Gruyter: 228-246.

Hemming, P. & Madge, N. 2011. Researching children, youth and religion: Identity, complexity and agency. *Childhood* 19(1): 38-51.

Heritage, J. 1984. *Garfinkel and ethnomethodology*. Cambridge: Polity Press: 180.

Heritage, J. 1997. Conversation analysis and institutional talk: Analyzing data. In D. Silverman (ed.). *Qualitative research: Theory, method and practice*. London: Sage: 161-182.

Heritage, J. 2010. Questioning in medicine. In A. F. Freed & S. Ehrlich (eds.). *"Why Do You Ask?": The function of questions in institutional discourse*. London: Oxford University Press: 42-68.

Heritage, J. 2012. The epistemic engine: Sequence organization and territories of knowledge. *Research on Language & Social Interaction* 45(1): 30-52.

Hill, C. E. & O'Brien, K. M. 1999. *Helping skills: Facilitating exploration, insight, and action*. Washington, DC: American Psychological Association.

Ho, P. S. Y. & Tsang, A. K. T. 2000. Beyond being gay: The proliferation of political identities in colonial Hong Kong. In D. R. Howarth, A. J. Norval & Y. Stavrakakis (eds.). *Discourse theory and political analysis*. Manchester: Manchester University Press: 134-150.

Hoffman, L. 1995. *Exchanging voices: A collaborative approach to family therapy*. London: Karnac.

Holmes, J. 2000. Doing collegiality and keeping control at work: Small talk in government departments. In J. Coupland (ed.). *Small talk*. London: Longman: 32-62.

Holmes, J. 2006. *Gendered talk at work: Constructing gender identity through workplace discourse*. Oxford: Blackwell.

Holmes, J. & Marra, M. 2011. Leadership discourse in a Maori workplace: Negotiating gender, ethnicity and leadership at work. *Gender and Language* 5(2): 317-342.

Holmes, J., Marra, M. & Vine, B. 2011. *Leadership, discourse and ethnicity*. London: Oxford University Press.

Holmes, J. & Stubbe, M. 2015. *Power and politeness in the workplace: A sociolinguistic analysis of talk at work*. London: Routledge.

Hood, C. 2011. *The blame game: Spin, bureaucracy and self-preservation in government*. Princeton, NJ: Princeton University Press.

Horvath, A. O. & Symonds, B. D. 1991. Relation between working alliance and outcome in psychotherapy: A meta-analysis. *Journal of Counseling Psychology* 68: 438-450.

Hu, Jian(胡健) & Ma, Yan(马艳). 2018. Adaptability of hedges in psychological counseling. *Journal of Fuyang Normal University (Social Science)* (3): 60-65. [2018. 心理咨询中模糊限制语的顺应性研究.《阜阳师范学院学报》(社会科学版)第 3 期:60-65.]

Huang, Yidan(黄一丹). 2019. The types of Chinese communicative conflicts in multicultural polylogue. *Journal of Xi'an International Studies University* (2): 10-15. [2019. 多人多元文化语境中的汉语交际冲突类型.《西安外国语大学学报》第 2 期:10-15.]

Hunston, S. & Thompson, G. 2000. *Evaluation in text: Authorial stance and the construction of discourse*. Oxford: Oxford University Press.

Hutchby, I. 2007. *The discourse of child counseling*. Amsterdam: John Benjamins.

Inomata, T. 2006. Plazas, performers, and spectators. *Current Anthropology* 47(5): 805-842.

Irvin, D. Y. 2003. *The gift of therapy: An open letter to a new generation of therapists and their patients*. New York: Harper Perennial.

Jeanne, M. 2004. *The handbook of culture and negotiation*. Stanford: Stanford University Press.

Jenkins, R. 1996. *Social identity*. London: Routledge.

Jensen, A. 2009. Discourse strategies in professional e-mail negotiation: A case study. *Science Direct* 28(1): 4-18.

Ji, Huiming(靳辉明). 2011. The correct understanding of Marx's theory of social formation: An interview with Ji Huiming, the member of the Chinese Academy of Social Sciences. *Leading Journal of Ideological & Theoretical Education*(7): 4-13. [2011. 要正确理解和把握马克思的五种社会形态理论——访中国社会科学院学部委员靳辉明教授.《思想理论教育导刊》第7期: 4-13.]

Jiang, Guangrong(江光荣) & Xia, Mian(夏勉). 2006. Psychological help-seeking: Current research and the phases-decision-making model. *Advances in Psychological Science* (6): 888-894. [2006. 心理求助行为: 研究现状及阶段-决策模型.《心理科学进展》第6期: 888-894.]

Jiang, Lei(蒋磊), Li, Ling(李凌), Shang, Jing(尚静) & Wen, Jingjing(温晶晶). 2014. *International business negotiation*. Beijing: University of International Business and Economics Press. [2014.《国际商务英语谈判》. 北京: 对外经济贸易大学出版社.]

Jones, E. E., Parke, L. A. & Pulos, S. 1992. How therapy is conducted in the private consulting room: A multidimensional description of brief psychodynamic treatments. *Psychotherapy Research* 2(1): 16-30.

Jonquière, T. M. 2007. *Prayer in Josephus*. Leiden/Boston: Brill.

Joseph, J. 2010. Identity. In C. Llamas & D. Watt (eds.). *Language and identities*. Edinburgh: Edinburgh University Press: 9-17.

Jungmin, K. O., Schallert, D. L. & Walters, K. 2003. Rethinking scaffolding: Examining negotiation of meaning in an ESL storytelling task. *TESOL Quarterly* 37(2): 303-324.

Kampf, Z. 2009. Public (non-) apologies: The discourse of minimizing responsibility. *Journal of Pragmatics* 41(11): 2257-2270.

Kendall, S. & Tannen, D. 1997. Gender and language in the workplace. In R. Wodak (ed.). *Gender and discourse*. London: Sage: 81-105.

Kendrick, K. & Drew, P. 2016. Recruitment: Offers, requests, and the organization of assistance in interaction. *Research on Language and Social Inter-*

action 49(1):1-19.

Kertzer, D. 1988. *Ritual, politics, and power.* New Haven: Yale University Press.

Kolb, D. L., Beutler, L. E., Davis, C. S., Crag, M. & Shanfield, T. 1985. Patient and therapy process variables relating to drop-out and change in psychotherapy. *Psychotherapy* 22(4):702-710.

Koller, V. 2004. Business women and war metaphors: "Possessive, jealous and pugnacious"? *Journal of Sociolinguistics* 8(1):3-22.

Kopelman, S., Rosette, A. S. & Thompson, L. 2006. The three faces of Eve: Strategic displays of positive, negative, and neutral emotions in negotiations. *Organizational Behavior and Human Decision Processes* 99(1): 81-101.

Kung, W. W. 2004. Cultural and practical barriers to seeking mental health treatment for Chinese Americans. *Journal of Community Psychology* 32(1): 27-43.

Kurri, K. & Wahlström, J. 2005. Placement of responsibility and moral reasoning in couple therapy. *Journal of Family Therapy* 27(4):352-369.

Labov, W. & Franshel, D. 1977. *Therapeutic discourse: Psychotherapy as conversation.* New York: Academic Press.

Lakoff, R. 1972. Language in context. *Language* 48:907-924.

Lakoff, R. 1973. Language and woman's place. *Language in Society* 2(1): 45-80.

Lampi, M. 1986. *Linguistic components of strategy in business negotiations.* Helsinki: Helsinki School of Economics.

Lan, Liangping(兰良平) & Han, Gang(韩刚). 2013. Construction of teacher's identity—CA of silence after raising the questions in class. *Foreign Language World* (2):28-33. [2004.教师身份构建——课堂提问遭遇沉默的会话分析.《外语界》第 2 期:28-33.]

Lander, I. 2009. Repairing discordant student-teacher relationships: A case study using emotion-focused therapy. *Children & Schools* (4):55-70.

Landmark, A. M. D., Gulbrandsen, P. & Svennevig, J. 2015. Whose decision? Negotiating epistemic and deontic rights in medical treatment decisions. *Journal of Pragmatics* 78:54-69.

Lauriala, A., Rajala, R., Ruokamo, H. & Ylitapio-Mäntyl, O. (eds.). 2011. *Navigating in educational contexts: Identities and cultures in dialogue*. Rotterdam: Sense Publishers.

Ledley, D. R., Marx, B. P. & Heimberg, R. G. 2005. *Making cognitive-behavioral therapy work: Clinical process for new practitioners*. New York: The Guilford Press.

Lee, F. 1997. When the going gets tough, do the tough ask for help? Help seeking and power motivation in organizations. *Organizational Behavior and Human Decision Processes* 72(3): 336-363.

Lee, F. 2002. The social costs of seeking help. *Journal of Applied Behavioral Science* 38(1): 17-35.

Leong, F. T. L. & Lau, A. S. L. 2001. Barriers to providing effective mental health services to Asian Americans. *Mental Health Services Research* 3(4): 201-214.

Lewicki, R. J. & Litterer, J. 1985. *Negotiation*. Homewood: Irwin.

Li, Baojun (李宝俊) & Xu, Zhengyuan (徐正源). 2006. China's self-identity construction as a responsible power in the post-cold war era. *Journal of Teaching and Research* (1): 49-56. [2006. 冷战后中国负责任大国身份的建构.《教学与研究》第1期: 49-56.]

Li, Chengtuan (李成团) & Ran, Yongping (冉永平). 2011. A pragmatic approach to conflict management in verbal interaction. *Foreign Languages in China* (2): 43-49. [2011. 会话冲突中的语用管理探析.《中国外语》第2期: 43-49.]

Li, Fang (李芳). 2020. From speech act to recruitment: Development of research on requests. *Linguistic Research* (1): 32-43. [2020. 从言语行为到招募: 请求研究发展趋势.《语言学研究》第1期: 32-43.]

Li, Huiming (李慧明). 2008. *National identity theory and China's social-Identity construction as a responsible power*. MA thesis, Shandong Normal University. [2008. 国家身份理论与中国负责任大国的建构. 山东师范大学硕士学位论文.]

Li, Huiping (李惠平). 2013. *Study of pediatric doctor-patient conversation*. MA thesis, Jilin University. [2013. 儿科医患会话研究. 吉林大学硕士学位论文.]

Li, J. 2009. Intertextuality and national identity: Discourse of national conflicts in daily newspapers in the United States and China. *Discourse & Society* 20(1): 85-121.

Li, Jingli(李京丽). 2016. Discourse studies on help-seeking text on the internet: The case analysis of Qingsongchou and Weiaitongdao. *Journalism and Mass Communication Monthly* (11): 47-53. [2016. 网络求助文本的话语研究——对"轻松筹"和"微爱通道"的三个案例分析.《新闻界》第 11 期: 47-53.]

Li, Maosen(李茂森). 2009. An analysis of the influencing factors of teachers' professional identity. *Education Development Research* (6): 44-47. [2009. 教师专业认同的影响因素分析.《教育发展研究》第 6 期: 44-47.]

Li, Meiqin(李美琴). 2011. *China's "responsible great power" identity*. MA thesis, Shanxi University. [2011. 中国"负责任大国"身份建构研究. 山西大学硕士学位论文.]

Li, Zhanzi(李战子). 2005. A study on identity theory and applied linguistics. *Foreign Language and Literature Studies* (4): 234-241. [2005. 身份理论和应用语言学研究.《外国语言文学》第 4 期: 234-241.]

Lian, Xinmeng(连昕萌). 2017. Discourse research of the help-seeking reports on Weibo: From the multimodal perspective. *Journalism Research Herald* (20): 126-127. [2017. 微博救助性报道的话语呈现研究——基于多模态话语分析的方法.《新闻研究导刊》第 20 期: 126-127.]

Liang, Haiying(梁海英). 2014. On the doctors' multiple identity construction in the doctor-patient conversation. *Foreign Studies* (3): 24-31. [2014. 医患会话中医生的多重身份建构.《外文研究》第 3 期: 24-31.]

Lindström, A. & Weatherall, A. 2015. Orientations to epistemics and deontics in treatment discussions. *Journal of Pragmatics* (78): 39-53.

Linell, P. 2001. *Approaching Dialogue: Talk, interaction and contexts in dialogical perspectives*. Philadelphia, PA: John Benjamins.

Ling, Haiheng(凌海衡). 2014. What is identity study. *Culture Studies* (2): 60-72. [2014. 何为身份认同研究.《文化研究》第 2 期: 60-72.]

Lipp, M. J., Riolo, C., Riolo, M., Farkas, J., Liu, T. & Cisneros, G. J. 2016. Showing you care: An empathetic approach to doctor-patient communication. *Seminars in Orthodontics* 22(2): 88-94.

Litosseliti, L. 2006. *Gender and language: Theory and practice*. London: Hodder & Arnold.

Liu, Helin(刘和林). 2012. Internet discourse, ideology, interpersonal relationship. *Foreign Language Research* (4):100-103. [2012.网络话语·意识形态·人际关系.《外语学刊》第 4 期:100-103.]

Liu, Yi(刘熠). 2011. *Professional identity construction of college English teachers: A narrative perspective*. Beijing: Foreign Language Teaching and Research Press. [2011.《叙事视角下的大学公共英语教师职业认同建构研究》.北京:外语教学与研究出版社.]

Liu, Yongtao(刘永涛). 2011. Language and international relations: A new framework of political analysis. *Journal of World Economics and Politics* (7):44-56. [2011.语言与国际关系:拓展政治分析的新视角.《世界经济与政治》第 7 期:44-56.]

Locher, M. A. & Watts, R. J. 2008. *Relational work and impoliteness: Negotiating norms of linguistic behaviour*. Berlin: Mouton de Gruyter.

Locke, A. & Edwards, D. 2003. Bill and Monica: Memory, emotion and normativity in Clinton's Grand Jury testimony. *British Journal of Social Psychology* 42(2):239-256.

Lu, Xiaolu(陆小鹿). 2015. Language choice and identity in terms of social cognitive linguistics. *Foreign Language and Literature* (6):70-74. [2015.语言选择和身份认同——基于社会认知语言学视角.《外国语文》第 6 期:70-74.]

Luo, Qian(罗茜). 2015. *Mood in interpersonal meaning in doctor-patient Conversations: A systemic functional approach*. Ph. D. thesis, Southwest University. [2015.基于系统功能语法语气系统的汉语医患会话人际意义研究.西南大学博士学位论文.]

Luo, Shidian(罗诗钿). 2011. The impact of Marx's theories of social formation on China's social development model. *Reality Only* (2):28-32. [2011.论马克思两种"社会形态"理论对中国社会发展模式的影响.《唯实》第 2 期:28-32.]

Lv, Shuxiang(吕叔湘). 1982. *Essentials of Chinese grammar*. Beijing: The Commercial Press. [1982.《中国文法要略》.北京:商务印书馆.]

Lynch, M. & Bogen, D. 1996. *The spectacle of history: Speech, text, and memory at the Iran-Contra hearings*. Durham, NC: Duke University Press.

Ma, Min(马敏). 1989. Transitional characteristics and the social form of modern China. *Historical Research* (1):47-59. [1989.过渡特征与中国近代社会形态.《历史研究》第1期:47-59.]

Malle, B. F., Guglielmo, S. & Monroe, A. E. 2014. A theory of blame. *Psychological Inquiry* 25(2):147-186.

Malle, B. F., Monroe, A. E. & Guglielmo, S. 2014. Paths to blame and paths to convergence. *Psychological Inquiry* 25(2):251-260.

Mallier, A. & Rosser, M. 1987. *Women and the economy: A comparative study of Britain and the USA*. London: Macmillan.

Manke, M. P. 1997. *Classroom power relations: Understanding student-teacher interaction*. Mahwah, NJ: Lawrence Erlbaum Associates.

Mao, Changguo(毛畅果) & Sun, Jianmin(孙健敏). 2011. Help-seeking behavior in organization. *Advances in Psychological Science* (5):731-739. [2011.组织中的求助行为.《心理科学进展》第5期:731-739.]

Mao, Haoran(毛浩然) & Xu, Jiujiu(徐赳赳). 2009. Discourse, power and manipulation: Review of *Discourse and Power*. *Journal of Foreign Languages* (5):91-95. [2009.话语、权力及其操纵——《话语与权力》评述.《外国语》第5期:91-95.]

Marra, M., Schnurr, S. & Holmes, J. 2006. Effective leadership in New Zealand workplaces: Balancing gender and role. In J. Baxter (ed.). *Speaking Out: The Female Voice in Public Contexts*. Basingstoke: Palgrave Macmillan: 240-260.

Marsh, P. D. V. (ed.). 1974. *Contract negotiation handbook*. Epping: Gower Press.

Martin, J. R. 1992. *English Text: System and structure*. Amsterdam: John Benjamins Publishing.

Martin, J. R. & Maton, K. 2013. Cumulative knowledge-building in secondary schooling: Guest editors' preface. *Linguistics and Education* 24(1):1-3.

Martin, J. R. & White, P. R. R. 2005. *The language of evaluation: Appraisal in English*. Hampshire: Palgrave Macmillan.

Marx, K. & F. Engels. 1975. *Marx & Engels Collected Works (Vol. 46)*. New York: International Publishers.

Mastenbroek, W. 1989. *Negotiate*. Oxford: Basil Blackwell.

Matoesian, G. 2001. *Law and the language of identity: Discourse in the William Kennedy Smith rape trial*. Oxford: Oxford University Press.

Maynard, D. W. 1984. *Inside plea bargaining: The language of negotiation*. New York: Plenum.

McCormack, M. 2011. Mapping the terrain of homosexually-themed language. *Journal of Homosexuality* 58(5): 664-679.

McCroskey, J. C. & L. R. Wheeless. 1976. *Introduction to human communication*. Boston: Allyn and Bacon.

Mehrabian, A. 1971. *Silent messages*. Belmont: Wadsworth Publishing Company.

Meng, Yuan(蒙媛). 2020. *Construction of Vietnam's ASEAN regional power identity: Role and policy*. MA thesis, China Foreign Affairs University. [2020. 越南的东盟身份建构: 角色和政策. 外交学院硕士学位论文.]

Meyer, D. K. & J. C. Turner. 2006. Re-conceptualizing emotion and motivation to learn in classroom contexts. *Educational Psychology Review* 18(4): 377-390.

Miao, Ji(苗吉). 2017. Construction of Chinese and Japanese sea power national identity. *Journal of Foreign Affairs Review* (3): 77-108. [2017. "他者"的中国与日本海洋国家身份的建构.《外交评论(外交学院学报)》第3期: 77-108.]

Mishler, E. G. 1984. *The discourse of medicine*. Norwood, NJ: Ablex.

Moore, M. S. 2010. *Placing blame: A theory of the criminal law*. Oxford: Oxford University Press.

Mottet, T. P. & V. P. Richmond. 1998. An inductive analysis of verbal immediacy: Alternative conceptualization of relational verbal approach/avoidance strategies. *Communication Quarterly* 46(1): 25-40.

Mukherjee, S. 2013. Reading language and religion together. *International Journal of the Sociology of Language* (220): 1-6.

Mullany, L. 2004. Gender, politeness and institutional power roles: Humour as a tactic to gain compliance in workplace business meetings. *Multilingua* 23(1-2): 13-37.

Mullany, L. 2007. *Gendered discourse in the professional workplace*. Basingstoke: Palgrave Macmillan.

Mullins, C. W. 2006. *Holding your square: Masculinities, streetlife and* violence. Devon: Willan Publishing.

Muntigl, P. & K. T. Choi. 2010. Not remembering as a practical epistemic resource in couples therapy. *Discourse Studies* 12(3):331-356.

Murray, J. S. 1986. Understanding competing theories of negotiation. *Negotiation Journal* 2(2):179-186.

Mushin, I. 2013. Making knowledge visible in discourse: Implications for the study of linguistic evidentiality. *Discourse Studies* 15(5):627-646.

Nadler, A. 1998. Relationship, esteem, and achievement perspectives on autonomous and dependent help-seeking. In S. A. Karabenick (ed.). *Strategic help seeking: Implications for learning and teaching*. Mahwah, NJ: Erlbaum: 61-93.

Nai, A. & A. Walter. 2015. *New perspectives on negative campaigning: Why attack politics matters*. Colchester: ECPR Press.

Nai, A. & J. Maier. 2018. Perceived personality and campaign style of Hillary Clinton and Donald Trump. *Personality and Individual Differences* 121: 80-83.

Neu, J. 1988. Conversational structure: An explanation of bargaining behaviors in negotiation. *Management Communication Quarterly* 2(1):23-45.

Neumark, D., I. Burn & P. Button. 2019. Is it harder for older workers to find jobs? New and improved evidence from a field experiment. *Journal of Political Economy* 127(2):922-970.

Nicol, O. 2016. No body to kick, no soul to damn: Responsibility and accountability for the financial crisis (2007-2010). *Journal of Business Ethics* 151(1):101-114.

Nicolson, P. 2015. *A critical approach to human growth and development: A textbook for social work students and practitioners*. Basingstoke: Palgrave/Macmillan.

Nicolson, P., E. Rowland, P. F. R. Lokman, et al. 2011. *Leadership and better patient care: Managing in the NHS*. London: HMSO.

O'barr, W. & J. Conley. 1985. Litigant satisfaction versus legal adequacy in small claims court narratives. *Law & Society Review* 19(4):661-701.

Ochs, E. & B. Schieffelin. 1979. *Developmental pragmatics*. New York: Academic Press.

Ochs, E. & B. Schieffelin. 1983. *Acquiring conversational competence*. London: Routledge.

O'Hanlon, B. & T. Rowan. 2003. *Solution oriented therapy for chronic and severe mental illness*. New York: Norton.

Okulska, U. & P. Cap. 2010. Analysis of political discourse: Landmarks, challenges and prospects. In U. Okulska & P. Cap (eds.). *Perspectives in politics and discourse*. Amsterdam: John Benjamins.

Omoniyi, T. 2012. Discourse and identity. In K. Hyland & B. Paltridge (eds.). *The continuum companion to discourse analysis*. New York: Continuum International Publishing Group: 260-276.

Omoniyi, T. & J. Fishman. 2006. *Explorations in the sociology of language and religion*. Amsterdam and Philadelphia: John Benjamins.

Oreskes, N. 2004. Beyond the ivory tower: The scientific consensus on climate change. *Science* 306(5702): 1686.

Palazzoli, S., L. Boscolo, G. Cecchin & G. Prata. 1980. The problem of the referring person. *Journal of Marital and Family Therapy* 6(1): 3-9.

Pan, Yanyan(潘艳艳). 2011. Multimodal metaphor and identity construction in political cartoons. *Foreign Languages Research* (1): 11-15. [2011. 政治漫画中的多模态隐喻及身份构建.《外语研究》第1期: 11-15.]

Patrika, P. & E. Tseliou. 2016. The "blame game": Discourse analysis of family members' and therapist negotiation of problem definition in systemic family therapy. *The European Journal of Counselling Psychology* 4(1): 101-122.

Peng, Wenzhao(彭文钊). 2017. The philosophical foundation, linguistic and political views of political linguistics: From the perspective of philosophical hermeneutics. *Foreign Languages and Their Teaching* (2): 26-37. [2017. 哲学阐释学视域下的政治语言学: 哲学基础、语言观与政治观问题.《外语与外语教学》第2期: 26-37.]

Pishwa, H. 2009. *Language and social cognition*. Berlin: Mouton de Gruyter.

Pomerantz, A. 1978. Compliment responses: Notes on the cooperation of multiple constraints. In J. Schenkein (ed.). *Studies in the organization of conversational interaction*. London: Academic Press: 79-112.

Pomerantz, A. 1980. Telling my side: "Limited access" as a "fishing" device. *Sociological Inquiry* 50(3-4): 186-198.

Pomerantz, A. 1984. Giving a source or basis: The practice in conversation of telling "how I know". *Journal of Pragmatics* 8(5-6): 607-625.

Potter, J. & A. Hepburn. 2008. Discursive constructionism. In J. A. Holstein & J. F. Gubrium (eds.). *Handbook of Constructionist Research*. New York: Guilford: 275-293.

Potter, J. & M. Wetherell. 1987. *Discourse and social psychology: Beyond attitudes and behavior*. London: Sage.

Pruitt, D. G. & P. J. Carnevale. 1993. *Negotiation in social conflict*. Pacific Grove, CA: Brooks Cole.

Putnam, L. L. & M. S. Poole. 1987. Conflict and negotiation. In F. M. Jablin, L. L. Putnam, K. H. Roberts & L. W. Porter (eds.). *Handbook of organizational communication: An interdisciplinary perspective*. London: Sage: 549-599.

Putnam, L. L. & S. R. Wilson. 1990. Interaction goals in negotiation. In J. Andersen (ed.). *Communication yearbook*. Newbury: Sage: 374-406.

Qi, Guang(亓光). 2020. Explanation on basic issues of political discourse analysis: Theoretical premise, analysis domain and practical interpretation. *Cass Journal of Political Science* (1): 77-86. [2020. 政治话语分析的基础理论阐释：理论前提、问题域与实践性诠释.《政治学研究》第 1 期: 77-86.]

Qu, Zhengwei(曲正伟). 2007. Teacher identity and identity construction. *Education Development Research* (7): 39-44. [2007. 教师的"身份"与"身份认同".《教育发展研究》第 7 期: 39-44.]

Ran, Yongping(冉永平). 2000. A review of the pragmatic study of discourse markers. *Foreign Languages Research* (4): 8-14. [2000. 话语标记语的语用学研究综述.《外语研究》第 4 期: 8-14.]

Ran, Yongping(冉永平). 2010. A pragmatic study of the divergence orientation of conflict utterances. *Modern Foreign Languages* (2): 150-157. [2010. 冲突性话语趋异取向的语用分析.《现代外语》第 2 期: 150-157.]

Ran, Yongping（冉永平). 2012. The rapport management model and its violation in interpersonal interaction. *Foreign Language Education* (4): 1-5. [2012. 人际交往中的和谐管理模式及其违反.《外语教学》第 4 期: 1-5.]

Ran, Yongping(冉永平) & Lei, Rong(雷容). 2018. Dialogic resonance and the negotiation of epistemics in psychotherapeutic interactions. *Journal of Zhejiang International Studies University* (3): 28-35. [2018. 心理咨询会话中的对话共鸣与知识协商.《浙江外国语学院学报》第 3 期: 28-35.]

Reisigl, M. & R. Wodak. 2001. *Discourse and discrimination*. London: Routledge.

Richards, J., J. Platt & H. Weber(eds.). 1985. *Longman dictionary of applied linguistics*. London: Longman.

Richmond, V. P., J. Gorham & J. McCroskey. 1987. The relationship between selected immediacy behaviors and cognitive learning. In M. McLaughlin (ed.). *Communication Yearbook* (10):574-590.

Robb, J. E. 1998. The archaeology of symbols. *Annual Review Anthropology* 27:329-346.

Robb, J. E. 1999. *Material symbols: Culture and economy in prehistory*. Carbondale, IL: Center for Archaeology Investigation.

Robinson, R. Y. & V. P. Richmond. 1995. Validity of the verbal immediacy scale. *Communication Research Reports* 12(1):80-84.

Rodriguez, J. I., T. G. Plax & P. Kearney. 1996. Clarifying the relationship between teacher nonverbal immediacy and student cognitive learning: Affective learning as the central causal mediator. *Communication Education* 45(4):293-305.

Rogan, R. G. & M. R. Hammer. 1994. Crisis negotiations: A preliminary investigation of facework in naturalistic conflict discourse. *Journal of Applied Communication Research* 22(3):216-231.

Rosowsky, A. 2013. Faith, phonics and identity: Reading in faith complementary schools. *Literacy* 47(2):67-78.

Roy-Chowdhury, S. 2003. Knowing the unknowable: What constitutes evidence in family therapy? *Journal of Family Therapy* 25(1):64-85.

Rubin, J. & B. Brown. 1975. *The social psychology of bargaining*. New York: Academic Press.

Rymes, B. 2009. *Classroom discourse analysis: A tool for critical reflection*. Cresskill, NJ: Hampton Press.

Sacks, H. 1984. On doing "being ordinary". In J. Atkinson & J. Heritage (eds.). *Structures of social action: Studies in conversation analysis*. Cambridge: Cambridge University Press: 413-429.

Salacuse, J. W. 1991. *Making global deals: Negotiating in the international marketplace*. Boston: Houghton Mifflin.

Samoilenko, S. A. 2016. Character assassination. In C. E. Carroll (ed.). *The*

SAGE encyclopedia of corporate reputation. Thousand Oaks, CA: Sage: 116-118.

Samuel, M. & D. Stephens. 2000. Critical dialogues with self: Developing teacher identities and roles—A case study of South African student teachers. *International Journal of Educational Research* 33(5):475-491.

Sawyer, J. & H. Guetzkow. 1965. Bargaining and negotiation in international relations. In H. C. Kelman (ed.). *International behavior: A social-psychological analysis*. New York:Holt, Rinehart & Winston:466-520.

Schieffelin, B. & E. Ochs. 1986. Language socialization. *Annual Review of Anthropology* (15):163-191.

Schiffrin, D. 1994. *Approaches to discourse*. Oxford:Basil Blackwell.

Schutz, P. A. & H. A. Davis. 2000. Emotions and self-regulation during test taking. *Educational Psychologist* 35(4):243-256.

Schutz, P. A., L. Y. Hong, D. L. Cross & J. N. Osbon. 2006. Reflections on investigating emotion in educational activity settings. *Educational Psychology Review* 18:343-360.

Scott, M. & S. Lyman. 1968. Accounts. *American Sociological Review* 33(1): 46-62.

Searle, J. R. 1969. *Speech acts: An essay in the philosophy of language*. Cambridge:Cambridge University Press.

Searle, J. R. 1975. Indirect speech acts. In P. Cole & I. L. Morgan (eds.). *Syntax and Semantics, Volume 3: Speech Acts*. New York: Academic Press:59-82.

Shang, Herui(尚鹤睿). 2008. Psychological angle towards the doctor-patient relationship. *Medicine and Philosophy(Humanistic & Social Medicine Edition)* (4):12-15,24. [2008.心理学视角下的医患关系.《医学与哲学》(人文社会医学版)第4期:12-15,24.]

Shaver, K. G. 1985. *The attribution of blame: Causality, responsibility, and blameworthiness*. New York:Springer.

Sheldon, A. 1996. You can be the baby brother, but you aren't born yet: Preschool girls' negotiation for power and access in pretend-play. *Research on Language and Social Interaction* 29(1):57-80.

Simmel, G. 1908/1955. *Conflict and the web of group affiliations*. New York:

Free Press.

Skerrett, A. 2014. Religious literacies in a secular literacy classroom. *Reading Research Quarterly* 49(2):233-250.

Smith, D. E. 1978. A peculiar eclipsing: Women's Exclusion from man's culture. *Women's Studies International Quarterly* 1:281-295.

Somers, M. R. 1994. The narrative constitution of identity: A relational and network approach. *Theory and Society* 23(5):605-649.

Souza, A. 2016. Language and religious identities. In S. Preece (ed.). *The Routledge handbook of language and identity*. London: Routledge: 195-209.

Spencer-Oatey, H. 2000. *Culturally speaking: Managing rapport through talking across cultures*. London: Continuum.

Stancombe, J. & S. White. 2005. Cause and responsibility: Towards an interactional understanding of blaming and "neutrality" in family therapy. *Family Therapy* 27(4):330-351.

Stivers, T., L. Mondada & J. Steensig. 2011. *The morality of knowledge in conversation*. Cambridge: Cambridge University Press.

Stokoe, E. H. 2005. Analysing gender and language. *Journal of Sociolinguistics* 9(1): 118-133.

Stokoe, E. H. & J. Smithson. 2002. Gender and sexuality in talk-in-interaction: Considering conversation analytic perspectives. In P. McIlvenny (ed.). *Talking gender and sexuality*. Amsterdam: John Benjamins: 79-110.

Strawson, P. F. 1962. Freedom and resentment. *Proceedings of the British academy* 48:1-25.

Street, R. L. 1992. Communicative styles and adaptations in physician-parent consultations. *Social Science & Medicine* 34(10):1155-1163.

Sun, Jisheng(孙吉胜). 2008. Language, identity and international order: On post-constructivism. *Journal of World Economics and Politics* (5):26-36. [2008.语言、身份与国际秩序:后建构主义理论研究.《世界经济与政治》第5期:26-36.]

Sun, Jisheng(孙吉胜). 2009. A review of language study of international relations theory. *Journal of Foreign Affairs Review* (1):70-84. [2009.国际关系理论中的语言研究:回顾与展望.《外交评论(外交学院学报)》第1期:70-84.]

Sun, Jisheng(孙吉胜). 2013. International political linguistics from an interdisciplinary perspective: Direction and agenda. *Journal of Foreign Affairs Review* (1):12-29. [2013.跨学科视域下的国际政治语言学:方向与议程.《外交评论(外交学院学报)》第 1 期:12-29.]

Sunshine, R. B. (ed.). 1990. *Negotiating for international development: A practitioner's handbook*. Dordrecht: Martinus Nijhoff Publishers.

Szablewicz, M. 2014. The "losers" of China's internet: Memes as "structures of feeling" for disillusioned young netizens. *China Information* 28(2):259-275.

Tajfel, H. & J. Turner 1986. The social identity theory of intergroup behavior. In S. Worchel & W. Austin (eds.). *Psychology of intergroup relations*. Chicago: Nelson-Hall.

Tang, Lili(唐莉莉). 2012. *Transmutation of media discourse framework and the construction of social memory: A case study on the May 4th movement reports of People's Daily from 1950 to 2008*. MA thesis, Nanjing University. [2012.媒介话语框架的嬗变与社会记忆的刻写实践.南京大学硕士学位论文.]

Tannen, D. 1994. *Gender and discourse*. London: Oxford University Press.

Tedeschi, J. & P. Rosenfeld. 1980. Communication in bargaining and negotiation. In M. Roloff & G. Miller (eds.). *Persuasion: New directions in theory and research*. London: Sage:225-248.

Tedeschi, J. T. & M. Riess. 1981. *Impression management theory and social psychological research*. New York: Academic Press.

The Central Committee of the Communist Party of the Soviet Union (Bolsheviks) [联共(布)中央特设委员会]. 1975. *History of the Communist Party of the Soviet Union (Bolsheviks)*. Beijing: People's Publishing House. [1975.《联共(布)党史简明教程》.北京:人民出版社.]

Thompson, G. 2013. *Introducing functional grammar*. London: Routledge.

Thornborrow, J. 2002. *Power talk: Language and interaction in institutional discourse*. London: Routledge.

Tian, Hailong(田海龙). 2002. Political language studies: A critical survey. *Foreign Language Education* (1):23. [2002.政治语言研究:评述与思考.《外语教学》第 1 期:23.]

Tian, Hailong(田海龙). 2017. Social practice network and vertical and horizontal dimensions of recontextualization: A new issue of CDA and a proposed solution. *Foreign Language Education* (6):7-11. [2017.社会实践网络与再情景化的纵横维度——批评话语分析的新课题及解决方案.《外语教学》第 6 期:7-11.]

Tian, Hailong (田海龙). 2020. A discourse study of Zhongyi-Xiyi joint treatment of COVID-19: A "2-level 5-step" framework based analysis of the interaction between Zhongyi and Xiyi discourses. *Journal of Tianjin Foreign Studies University* (2):128-139,161. [2020.中西医结合治疗新冠肺炎的话语研究——基于"双层-五步"框架的中西医话语互动分析.《天津外国语大学学报》第 2 期:128-139,161.]

Tilly, C. 2008. *Credit and blame*. Princeton, NJ: Princeton University Press.

Tomm, K. 1985. Circular interviewing: A multifaceted clinical tool. In D. Campbell & R. Draper (eds.). *Applications of systemic family therapy*. New York: Academic Press: 33-45.

Tomm, K. 1988. Interventive interviewing: Part Ⅲ. Intending to ask lineal, circular, strategic, or reflexive questions? *Family Process* 27(1):1-15.

Tracy, K. & J. S. Robles. 2013. *Everyday talk: Building and reflecting identities*. New York: The Guilford Press.

Triandafyllidou, A. & R. Wodak. 2003. Conceptual and methodological questions in the study of collective identities: An introduction. *Journal of Language and Politics* 2(2):205-223.

Tryon, G. S. & G. Winograd. 2002. Goal consensus and collaboration. In J. C. Norcross (ed.). *Psychotherapy relationships that work: Therapist contributions and responsiveness to patients*. London: Oxford University Press: 109-125.

Tse, P. & K. Hyland. 2009. Discipline and gender: Constructing rhetorical identity in book reviews. In K. Hyland & G. Diana(eds.). *Academic evaluation review genres in university settings*. New York: Palgrave Macmillan: 105-121.

Urry, J. 2003. *Global complexity*. London: Sage.

van De Mieroop, D. 2007. The complementarity of two identities and two approaches: Quantitative and qualitative analysis of institutional and professional identity. *Journal of Pragmatics* 39:1120-1142.

van Dijk, T. A. 1991. *Racism and the press*. London: Routledge.

van Dijk, T. A. 1993a. *Elite discourse and racism*. Newbury Park, CA: Sage.
van Dijk, T. A. 1993b. Principles of critical discourse analysis. *Discourse & Society* 4(2): 249-283.
van Dijk, T. A. 1998. *Ideology: A multidisciplinary approach*. London: Sage.
van Dijk, T. A. 2001. Critical Discourse Analysis. In D. Tannen, D. Schiffrin & H. Hamilton (eds.). *Handbook of discourse analysis*. Malden, Massachusetts: Blackwell Publishers: 352-371.
van Dijk, T. A. 2002. Political discourse and political cognition. In P. Chilton & C. Schäffner (eds.). *Politics as text and talk: Analytical approaches to political discourse*. Amsterdam: John Benjamins: 204-236.
van Dijk, T. A. 2004. *Discourse as social interaction*. London: Sage.
van Dijk, T. A. 2008. *Discourse and power*. New York: Palgrave Macmillan.
van Leeuwen, T. & R. Wodak. 1999. Legitimizing immigration control. *Discourse Studies* 1(1): 83-118.
von Scheve, C., V. Zink & S. Ismer. 2016. The blame game: Economic crisis responsibility, discourse and affective framings. *Sociology* 50(4): 635-651.
Vreese, C. D. 2012. New avenues for framing research. *American Behavioral Scientist* 56(3): 365-375.
Wagner, F. J. 1997. On discourse, communication, and (some) fundamental concepts in SFA research. *The Modern Language Journal* 81(3): 285-300.
Walby, S. 1997. *Gender transformations*. London: Routledge.
Wallace, A. F. C. 1966. *Culture and personality*. New York: Random House.
Wang, Cungang(王存刚) & Wang, Ruiling(王瑞领). 2008. Chinese construction as a responsible great power: Based on a structure-unit pattern. *Journal of Forum of World Economics & Politics* (1): 14-23. [2008. 论中国负责任大国身份的建构——基于结构-单元模式的研究.《世界经济与政治论坛》第1期: 14-23.]
Wang, Guofeng(王国凤) & Pang, Jixian(庞继贤). 2013. A socio-cognitive discourse analysis framework: A case study of evidentiality in news discourse. *Foreign Languages and Their Teaching* (1): 41-45. [2013. 语篇的社会认知研究框架——以新闻语篇的言据性分析为例.《外语与外语教学》第1期: 41-45.]
Wang, H. & Y. F. Ge. 2019. Negotiating national identities in conflict situations: The discursive reproduction of the Sino-US trade war in China's news reports.

Discourse & Communication 14(2):1-19.

Wang, Li(王力). 1985. *Modern chinese grammar*. Beijing: The Commercial Press. [1985.《中国现代语法》.北京:商务印书馆.]

Wang, Qingzhong(王庆忠). 2014. China-ASEAN relations after the Cold War: The perspective of identity politics. *Journal of Southeast Asian Affairs* (2):28-35. [2014.冷战后的中国-东盟关系探析:身份政治的视角.《南洋问题研究》第2期:28-35.]

Wang, Sibin(王思斌). 2001. Help-seeking and assistance-providing in China: A viewpoint of cultures and institutes. *Sociological Studies* (4):1-10. [2001.中国社会的求-助关系——制度与文化的视角.《社会学研究》第4期:1-10.]

Wang, Ting(王婷). 2019. *A study of impoliteness in conflict talk in counseling discourse*. MA thesis, Shandong University. [2019.咨询类语篇中冲突话语的不礼貌研究.山东大学硕士学位论文.]

Wang, Yuhong(王毓红). 2015. Prayer: A unique narrative dialogue. *Journal of Guangdong University of Foreign Studies* (3):9-13. [2015.祈祷:一种独特的对话性叙述——A rhetorical narrative analysis of Augustine's Confessions.《广东外语外贸大学学报》第3期:9-13.]

Wei, W. 2016. Good gay buddies for lifetime: Homosexually-themed discourse and the construction of heteromasculinity among Chinese urban youth. *Journal of Homosexuality* 64(12):1667-1683.

Weiner, B. 2006. *Social motivation, justice, and the moral emotions: An attributional approach*. Mahwah, NJ: Lawrence Erlbaum Associates.

Weingarten, K. 1991. The discourses of intimacy: Adding a social constructionist and feminist view. *Family Process* 30(3):285-305.

Weiss, S. 1994. *Negotiating with "Romans": A range of culturally-responsive Strategies*. Sloan Management Review 35(2):51-61.

Weiste, E., L. Voutilainen & A. Perakyla. 2016. Epistemic asymmetries in psychotherapy interaction: Therapists' practices for displaying access to clients' inner experiences. *Sociology of Health & Illness* 38(4):645-661.

Wen, Xu(文旭). 2019. Sociocognitive linguistics based on social cognition. *Modern Foreign Languages* (3):293-305. [2019.基于"社会认知"的社会认知语言学.《现代外语》第3期:293-305.]

West, C. 1984. Routine complications: Troubles with talk between doctors and patients. *Social Forces* 65(1):276.

West, C. & D. H. Zimmerman. 1983. Interruptions in cross-sex conversations. In B. Thorne, C. Kramarae & N. Henley (eds.). *Language, gender and society*. Cambridge, MA: Newbury House:103-118.

West, M. A. 1990. The social psychology of innovation in groups. In M. A. West & J. L. Farr (eds.). *Innovation and creativity at work: Psychological and organizational strategies*. Chichester: Wiley:309-333.

Widdicombe, S. 1998. *Identity as an analysts' and a participants' resource*. In C. Antaki & S. Widdicombe (eds.). *Identities in talk*. London: Sage: 191-206.

Wierzbicka, A. 2003. *Understanding culture through their key words: English, Russian, Polish, German, and Japanese*. Oxford: Oxford University Press.

Witz, A. 1992. *Professions and patriarchy*. London: Routledge.

Wodak, R. 1995. Critical linguistics and critical discourse analysis. In J. Verschueren, J. Östman & J. Bloomaert (eds.). *Handbook of pragmatics*. Amsterdam and Philadelphia: John Benjamins:204-210.

Wodak, R. 2003. *Critical discourse analysis: Theory and interdisciplinarity*. London: Palgrave Macmillan.

Wodak, R. 2006a. Blaming and denying: Pragmatics. In K. Brown (ed.). *Encyclopedia of language and linguistics* (2nd edn., Vol. 2). Oxford: Elsevier:29-64.

Wodak, R. 2006b. History in the making/The making of history: The "German Wehrmacht" in collective and individual memories in Austria. *Journal of Language and Politics* 5(1):125-154.

Wodak, R. 2009. *The discourse of politics in action*. London: Palgrave Macmillan.

Wodak, R., R. de Cillia, M. Reisigl & K. Liebhart. 2009. *The discursive construction of national identity*. Edinburgh: Edinburgh University Press.

Wootton, A. J. 1981. Two request forms of four year olds. *Journal of Pragmatics* 5 (6):511-523.

Wu, Hanrong(吴汉荣). 2014. *Medical psychology*. Wuhan: Huazhong University of Science & Technology Press. [2014 医学心理学. 武汉:华中科技大学出版社.]

Wu, Zongjie(吴宗杰). 2012. Reweaving cultural fabrics of neighborhood heritage: The case of Shuitingmen Street cultural heritage study. *Studies in*

Culture & Art (2):19-27. [2012.重建坊巷文化肌理:衢州水亭门街区文化遗产研究.《文化艺术研究》第 2 期:19-27.]

Xia, Yan(夏艳). 2013. On the doctor-patient relationship construction from the conversations in hospitalization. *Journal of Liaoning Medical University (Social Science Edition)* (1):7-9. [2013.从住院部医患对话中看医患关系的构建.《辽宁医学院学报》(社会科学版)第 1 期:7-9.]

Xia, Yuqiong(夏玉琼). 2017. On the construction of doctors' identities in cyber space. *Medicine and Philosophy* (9):43-47. [2017.网络交际空间中的医生身份建构研究.《医学与哲学》第 9 期:43-47.]

Xin, Bin(辛斌). 2005. *Critical linguistics: Theory and application*. Shanghai: Shanghai Foreign Language Education Press. [2005.《批评语言学:理论与应用》.上海:上海外语教育出版社.]

Xin, Zhiying(辛志英). 2019a. *Grammar, discourse and meaning*. Xiamen: Xiamen University Press. [2019a.《语法、语篇与语义》.厦门:厦门大学出版社.]

Xin, Zhiying(辛志英).2019b. *Text analysis: An introduction course.* Xiamen: Xiamen University Press. [2019b.《语篇分析入门》.厦门:厦门大学出版社.]

Xin, Zhiying(辛志英). 2020. *Discourse analysis: Paradigm, theory and methodology*. Xiamen: Xiamen University Press. [2020.《话语分析:理论、方法与流派》.厦门:厦门大学出版社.]

Xu, Jinfen(徐锦芬) & Long, Zaibo(龙在波). 2020. A review of international studies on second language classroom discourse from a poststructuralist perspective. *Modern Foreign Languages* (6):25-29. [2020.后结构主义视域下国际二语课堂话语研究.《现代外语》第 6 期:25-29.]

Yan, Xiaoping(晏小萍). 2008. Powering and empowering through discursive structures in therapeutic conversations. *Applied Linguistics* (3):63-71. [2008.心理咨询话语结构分析:控权与赋权.《语言文字应用》第 3 期:63-71.]

Yang, Danning(杨丹宁). 2019. *Discourse isomorphism of political rituals: Discourse analysis of the "two sessions" of People's Daily online*. MA thesis, South-Central University for Nationalities. [2019.政治仪式的话语同构:人民网"两会进行时"的话语分析.中南民族大学硕士学位论文.]

Yang, Jianhui(杨建会), Pan, Zihong(潘子红) & Yang, Lili(杨黎丽). 2019. The impact of doctors' identities on the doctor-patient relationship in doctor-patient discourse. *Journal of Traditional Chinese Medicine Management* (7):231-232.

[2019.医患会话中医生身份对医患关系的管理.《中医药管理杂志》第 7 期: 231-232.]

Yang, Min(杨敏). 2010. Sociolinguistic perspectives in the study of western political discourse. *Journal of East China Normal University (Humanities and Social Sciences)* (5):90-93. [2010.西方政治语篇研究中的社会语言学视角.《华东师范大学学报》(哲学社会科学版)第 5 期:90-93.]

Yang, Min(杨敏) & Fu, Xiaoli(符小丽). 2018. The study of political view in Ruth Wodak's political discourse analysis. *Foreign Languages in China* (6):39-47. [2018. Ruth Wodak 政治话语分析中的政治观研究.《中国外语》第 6 期:39-47.]

Yang, Wensheng(杨文圣). 2012. Marx's theory of social formation and socialism with Chinese characteristics. *Theoretical Exploration* (5):31-34. [2012.马克思社会形态理论与中国特色社会主义.《理论探索》第 5 期:31-34.]

Yang, Wensheng(杨文圣). 2018. The confidence in the path of socialism with Chinese characteristics from Marx's theory of social formation. *Chinese Social Sciences Today* (9):8. [2018.马克思社会形态理论视域下的中国道路自信.《中国社会科学报》第 9 期:8.]

Ye, Xin(叶欣). 2015. *Study on the process of construction of the doctor-patient relationship based on interpersonal communication: A case study of doctor-patient dialogues between China and the United States*. Ph. D. thesis, Wuhan University. [2015.基于人际传播的医患关系建构过程研究——以中美医患对话比较为例.武汉大学博士学位论文.]

Yin, Junjie(尹俊杰). 2013. *A constructivist study on national identity of China in the process of East Asia regional cooperation*. MA thesis, Suzhou University. [2013.东亚区域合作进程中的中国国家身份研究.苏州大学硕士学位论文.]

You, Zeshun(尤泽顺) & Chen, Jianping(陈建平). 2008. Critical studies of political discourse in the West and its implications to China. *Journal of PLA University of Foreign Languages* (5):1-6. [2008.政治话语的批判性分析研究及其对中国的启示.《解放军外国语学院学报》第 5 期:1-6.]

Young, O. 1975. *Bargaining: Formal theories of negotiation*. Chicago: University of Chicago Press.

Yu, Guodong(于国栋). 2019. Conversational practices as evidence for taking request as a face threatening act. *Journal of Beijing International Studies University* (4):3-19. [2019.请求作为伤面子行为的会话佐证.《北京第二外国语学院学报》第 4 期:3-19.]

Yu, Xiaomin(余晓敏). 2004. *Psychological help seeking and its affecting factors of college students.* MA thesis, Central China Normal University. [2004.大学生心理求助及其影响因素研究.华中师范大学硕士学位论文.]

Yuan, Zhoumin(袁周敏). 2011. *An empirical study of medical consultant' pragmatic construction from the adaptation perspective.* Ph. D. thesis, Nanjing University. [2011.顺应论视角下医药咨询顾问语用身份建构的实证研究.南京大学博士学位论文.]

Yuan, Zhoumin(袁周敏). 2014. Pragmatic identity construction from the perspective of dynamic adaptability. *Foreign Language Education* (5):30-34. [2014.语用身份建构的动态顺应性分析.《外语教学》第 5 期:30-34.]

Yuan, Zhoumin(袁周敏) & Chen, Xinren(陈新仁). 2013. A study of pragmatic identity construction from the perspective of linguistic adaptation theory: A case study of medical consultations. *Foreign Language Teaching and Research* (4):518-530, 640. [2013.语言顺应论视角下的语用身份建构研究——以医疗咨询会话为例.《外语教学与研究》第 4 期:518-530,640.]

Zembylas, M. 2003. Interrogating "teacher identity": Emotion, resistance, and self-formation. *Educational Theory* 5(1):107-127.

Zhang, Delu(张德禄). 2002. Exploring the theoretical framework of genre research. *Foreign Language Teaching and Research* (5):39-44. [2002.语类研究理论框架探索.《外语教学与研究》第 5 期:39-44.]

Zhang, Delu(张德禄). 2009. Exploring the comprehensive theoretical framework of multimodal discourse analysis. *Foreign Languages in China* (1):24-30. [2009.多模态话语分析综合理论框架探索.《中国外语》第 1 期:24-30.]

Zhang, Dian(张典). 2017. *A study of address forms in Chinese.* MA thesis, Ludong University. [2017.现代汉语称呼语研究.鲁东大学硕士学位论文.]

Zhang, Li(张黎). 2007. The conversational strategies of the salespersons' discourse in on-site promotions. *Applied Linguistics* (3):87-93. [2007.现场促销员的会话策略分析.《语言文字应用》第 3 期:87-93.]

Zhang, Wei(张威). 2015. The analysis and thinking of behavioral characteristics and interactive ways of client and helper in children education counseling: Based on the social work counseling of Hua Ren Social Work Development Center. *Journal of Social Work* (6):49-93,128-129. [2015.家庭教育咨询中求助者与助人者的行为特征和互动方式分析与思考——基于华仁社会工作发展中心的咨询性社会工作.《社会工作》第6期:49-93,128-129.]

Zhang, Wenju(张文举) & Li, Na(李娜). 2007. Research on medical knowledge service system based on knowledge service. *Chinese Journal of Medical Library and Information Science* (5):1-5. [2007.基于知识服务的医学知识服务系统研究.《中华医学图书情报杂志》第5期:1-5.]

Zhang, Yisheng(张谊生). 2000. *Modern Chinese function words*. Shanghai: East China Normal University Press. [2000.《现代汉语虚词》.上海:华东师范大学出版社.]

Zhao, Dong(赵冬). 2019. The Chinese national identity research of the public ceremony and worship towards the Yellow Emperor and its implication. *Overseas English* (19):251-253. [2019.黄帝公祭的中华民族身份认同话语建构及其当下启示研究.《海外英语》第19期:251-253.]

Zhao, Min(赵敏) & Zeng, Yu(曾予). 2008. The study of the legal nature of doctor-patient legal relation. *Journal of Hubei College of TCM* (2):26-27. [2008.探究医患法律关系的法律属性.《湖北中医药大学学报》第2期:26-27.]

Zhao, Peng(赵芃) & Tian, Hailong(田海龙). 2013. Revisiting recontextualization from a metadiscourse perspective. *Journal of Tianjin Foreign Studies University* (4):1-6. [2013.再情景化新解:元话语视角.《天津外国语大学学报》第4期:1-6.]

Zhao, Yang(赵洋). 2017. Communicative action, strategic dialogue and the construction of China's identity as a responsible power. *Journal of World Economics and Politics* (2):77-105. [2017.交往行动、战略对话与中国负责任大国身份建构.《世界经济与政治》第2期:77-105.]

Zhao, Yang(赵洋). 2019. Social identity, national construction and international conflicts: A study based on international political psychology. *Journal of Teaching and Research* (10):97-105. [2019.社会身份、国家建构与国际冲突——一种来自国际政治心理学的解释.《教学与研究》第10期:97-105.]

Zhao, Yingling(赵英玲). 2004. Conflict talk analysis. *Foreign Language Research* (5):37-42. [2004.冲突话语分析.《外语学刊》第5期:37-42.]

Zheng, Xintong(郑昕彤). 2020. The narrative study of public welfare TV shows: The case study of the "Waiting for me" CCTV program. *West China Broadcasting TV* (3):112-114. [2020. 公益类电视节目叙事探析——以央视大型公益节目《等着我》为例.《西部广播电视》第 3 期:112-114.]

Zhu, H. 2008. Duelling languages, duelling values: Codeswitching in bilingual intergenerational conflict talk in diasporic families. *Journal of Pragmatics* 40(10):1799-1816.

Zhu, Liping(朱丽萍). 2014. Analysis on interruption in doctor-patient conversations and its enlightenment for doctor-patient communication. *Chinese Medical Ethics* (1):31-34. [2014. 医患会话中的打断分析及对医患沟通的启示.《中国医学伦理学》第 1 期:31-34.]

Zhu, Qijun(朱其军). 2011. Constructing medical knowledge alliance database and promoting knowledge sharing and innovation among medical colleges. *Journal of Medical Informatics*(7):67-70. [2011. 构建医学知识联盟库 促进医学院校知识共享与创新.《医学信息学杂志》第 7 期:67-70.]